高等学校通用教材

COMPUTER

计算机等级考试与上机实践指导

刘恩海　方新春　薛美云◎主　编
梁志刚　杨　昕　李　琳　樊世燕　郭骁辉◎副主编

北京航空航天大学出版社

内容简介

本书从实际操作出发，图文并茂地介绍了一些在实验教学与上机考试操作中的技巧和应用方法，内容实用。全书共7章，系统介绍了机房硬件系统、机房管理系统及软件系统、校园网服务、畅游互联网、网络资源信息检索、河北省计算机基础测试系统及国家计算机等级考试系统指导等内容。

本教材可作为本科、专科学生以及专业科技人员全面快速掌握计算机的应用及考试教材，或作为参考图书。

图书在版编目(CIP)数据

计算机等级考试与上机实践指导/刘恩海，方新春，薛美云主编. --北京：北京航空航天大学出版社，2010.8

ISBN 978-7-5124-0135-8

Ⅰ.①计… Ⅱ.①刘…②方…③薛… Ⅲ.①电子计算机—水平考试—自学参考资料 Ⅳ.①TP3

中国版本图书馆CIP数据核字(2010)第122593号

计算机等级考试与上机实践指导

刘恩海　方新春　薛美云　主编

梁志刚　杨昕　李琳　樊世燕　郭骁辉　副主编

责任编辑　金友泉

*

北京航空航天大学出版社出版发行

北京市海淀区学院路37号(100191)　发行部电话：010-82317024　传真：010-82328026

http://www.buaapress.com.cn，E-mail：bhpress@263.net

北京时代华都印刷有限公司印装　各地书店经销

*

开本：787 mm×960 mm　1/16　印张：10.25　字数：230千字

2010年8月第1版　2010年8月第1次印刷

ISBN 978-7-5124-0135-8　定价：18.00元

前　言

随着科学技术的飞速发展，社会以一个全新的面貌进入21世纪。计算机技术的发展更加广泛、更加深入地应用到各个学科当中，推动社会进入了一个崭新的时代，这个时代最鲜明的两个特点就是全球化与信息化。为了适应全球化的发展趋势，紧跟信息化的浪潮这一时代要求，必须提高当代大学生的计算机水平和能力。计算机实践教学对培养大学生的动手操作能力和独立工作能力有着非常重要的作用，是高校教学活动的一个重要组成部分，同时也是培养高素质创新型人才不可或缺的重要一环。

计算机机房作为高校计算机教学的前沿阵地，是高校进行教学工作、锻炼学生实践能力和提高学生对网络信息的理解能力的重要场所。计算中心机房不仅承担了全校计算机公共课程的上机实践教学活动，同时还是学生上网浏览查阅信息资源、获得国内外最新的科研成果、网上选课、了解学校新闻、收发邮件、查看通知和成绩等信息的重要场所。除此之外，机房还承担了各种上机考试工作：例如每年进行的国家计算机等级考试，各省市进行的计算机基础考试，各专业提升专业职称的计算机考试等，并且为各种考试和培训教学提供实践环境。

本书共分7章，第1章详细地介绍了计算中心机房硬件系统，包括高配置的微机、硬盘保护卡和先进的网络设备；第2章介绍了机房计费管理系统的使用和各个操作系统软件的安装情况；第3章介绍了本科生网上选课系统和机房丰富的FTP资源；第4章介绍了互联网的相关服务，包括申请电子邮箱，接收和发送电子邮件，即时通信软件的使用，网络资源的下载；第5章介绍了网络信息资源检索的相关知识，包括国内外重要数据库的介绍、搜索引擎的使用等；第6章介绍了河北省大学生计算机等级考试环境安装和模拟试题的练习；第7章介绍了全国大学生计算机考试模拟系统，并且对照考试环境，详细分析了考试过程及注意事项。

本书由刘恩海、方新春、薛美云任主编并负责全书的总体策划与统稿、定稿工作。第1章由方新春编写，第2章由梁志刚、杨昕编写，第3章由梁志刚编写，第4章由杨昕、李琳编写，第5章由方新春、樊世燕编写，第6章由刘恩海、李琳编写，第7章由薛美云编写。参加本书大纲讨论及部分编写工作的老师有李琳、师硕、史进等。

在本书编写过程中，参考了大量文献资料，在此向这些文献资料的作者深表感谢。由于时间仓促和水平所限，书中难免有不当之处，敬请各位专家读者批评指正。

编　者
2010年8月于天津

目　　录

第1章　机房硬件系统

第2章　机房管理系统及软件系统

第3章　校园网服务

第1章　机房硬件系统

随着科学技术的飞速发展，社会以一个全新的面貌进入21世纪。计算机技术的发展更加广泛、更加深入地应用到各个学科中，在帮助人们飞速改造客观世界的同时，也深刻改变了人们的生活方式。计算机技术的发展推动社会进入了一个崭新的信息化时代，这个时代最鲜明的两个特点就是全球化与信息化。

计算机作为信息化的主要承载工具和推动力量，硬件的更新速度遵循摩尔定律，呈不断加速发展的趋势。随着硬件的发展，计算机的体积在不断减小，而运算速度却在不断的增长。自第一台计算机ENIAC问世以后，由于大规模和超大规模集成电路技术的发展，微型计算机的性能飞速提高，已从第一代发展到了第四代，目前正在向第五代、第六代智能化计算机发展。体积小，质量轻，性能高的个人计算机得到全面的普及，从实验室来到了家庭，成为计算机市场的主流。个人计算机大体上可以分为固定式和便携式两种。固定式个人机主要为台式机；便携式个人机又可分为膝上型、笔记本型、掌上型和笔输入型等。

随着计算机硬件技术的飞速发展和高等教育改革的不断深化，高校计算机机房建设取得了日新月异的变化，在实验室硬件建设上投入了相当的大的资金和力量，建设了一批具有先进技术和高校管理体系的现代化实验室。下面将首先就机房硬件配置作一下简要的介绍。

1.1　计算机机房的硬件配置

计算中心不断加强教学基础建设，使实验室的硬件环境得到极大的改善，为计算机基础教学和其他专业计算机素质教育教学质量的提高打下了良好基础。计算中心由原来的几百台计算机发展到现在的两千多台，为实践教学提供了先进、充足的计算机设备和实验环境。除了有大量的主流个人计算机(PC)外，还有高档微机工作站，适用于CAD课件和多媒体图像处理；还配置了Unix工作站，适用于多种操作系统的实验和教学。

1.1.1　功能完善的机房计费管理系统

由于学校实现扩招，导致实验教学课时的不断增加，实践教学在整个教学过程中的比例也越来越大。在逐步突显机房重要性的同时，管理系统和硬件的管理与维护工作量的加重是显而易见的。既要保证教学工作的正常进行，又要最大限度的减轻机房老师的工作量，为了解决这一矛盾，做到科学管理、服务完善，计算中心采用了机房计费管理系统。这一系统利用一张非接触射频上机卡来记录学生身份、所选课程和电子账户信息，对每一位学生进行身份认证。

计费管理系统通过学生身份信息数据库统一管理学生上课和自由上机的情况。学生持上机卡可到计算中心任意楼层刷卡机处刷卡，然后进入同楼层的任意一个机房上机，开机后验明身份无误即可开始上机，下机时刷卡下机登记成功后即可离开机房，整个上机过程无须管理人员干预，实现了机房的统一管理、统一收费。机房老师只需做好机房的日常维护，比如机器的硬件维护及软件的更新，并随时监控服务器的工作状态，保证学生能够顺利平稳的上机。这一系统在提高机房管理水平的同时，使机房管理人员的工作强度降低到最低限度，提高了工作效率，得到了师生的一致好评。

1.1.2 硬件配置

1. 机房配置高档的微型计算机

近年来，学校通过不断加大机房的硬件设备的投资力度，对机房的旧机器进行了更新。服务器是一个机房网络资源的提供者和管理者，只有服务器运行顺畅，人们才能无拘无束的在互联网上冲浪。为了充实机房网络资源、提高机器的运行效率，中心引进了以联想万全服务器等一些高档的专用服务器设备作为机房网络资源专用服务器，在很大程度上完善了机房的服务质量。在完善服务器的同时，中心机房陆续引进了近千台搭载当前主流设备的高档微型计算机(以下简称计算机)，即联想、方正知名品牌微机，而最新采购的几百台计算机采用最新的LGA775 架构的 P4。P4 内配备了 2.93G CPU、INTER 915 主板、512 MB、DDR 内存、120 GB 硬盘及 128 MB 显存的高档显卡、17 寸纯平显示器。这一高端配置为机房提供优质教学服务提供了保障。所有高档计算机在安装调试完毕以后，已经全部用于教学上机实习和为学生提供自由上机服务，高端设备的投入使用为全体师生上机创造了良好的实践环境。

2. 先进的网络设备

交换机是一种按照通信两端传输信息的需要，用人工或设备自动完成的方法，把要传输的信息送到符合要求的相应路由上的信息传输设备。交换机的作用类似于人的中枢神经，负责整个机房信息的传输，其优劣直接影响着网络的各项性能，特别是网络的运行速度。对于微机进行更新换代的同时，中心机房引进了美国网捷公司的 FastIron Edge 汇聚层交换机作为机房的主网络设备，作为机房与学校校园网之间的连接设备。它带有两个千兆光纤模块和 24 端口 100 MB 双绞线模块。两个千兆模块供光纤接入，可以接收千兆的信息流，然后再对其进行转换，调整为百兆的信息流后，送入以太网模块(机房网络)。中心机房各楼层机房使用交换机将每一个机房连接成为以太网段，然后汇入主交换机；每个机房的交换机均是网捷公司目前最先进的 EdgeIron 2402CF 交换机；每台交换机在一个机架内提供 24 个 10/100 MB 的 RJ - 45 端口和两个组合式千兆以太网 RJ - 45/mini - GBIC 插槽，其交换性能高达 8.8 Gbps，转发速率高达 6.6 Mbps。机房中每台计算机通过安装的百兆网卡连接成为以太网段，并直接连到以太网交换机上，再配合高配置微机的先进的处理速度，使得每个上机的同学在使用网上资源时，可以独享百兆的带宽，迅速搜寻到自己所需的资料文献，避免了不必要的等待，这样既节省了时间，也提高了学习效率。

1.2　硬盘保护卡

由于机房硬件的大量投入，使得中心机房的网络功能得以更快、更优地发挥。但是，网络的多样化和开放性所带来的安全问题还时刻威胁着机房的正常运行。怎样保护计算机数据不被误删，怎样避免计算机不受计算机病毒的冲击和恶意删除的影响，是减少工作量，提高工作效率，改善机房服务水平所要解决的一个重要而紧迫的问题。

操作系统的安装、应用软件的升级和计算机的维护等都需要相当大的工作量。为保护操作系统和应用软件的安全，中心机房使用一种较为先进、安全、快捷的计算机软件操作系统恢复措施，即安装硬盘保护卡，对硬盘采取更加可靠的硬件保护。硬盘保护卡可以保护硬盘中的资料，是一种防止计算机病毒攻击、防止计算机系统紊乱或崩溃的高科技产品。通过硬盘保护卡系统可以有效的保护计算机内安装的系统软件及应用软件，防止系统遭到破坏。硬盘保护卡不仅可以保护硬盘数据免遭各种破坏，而且还可以保护 CMOS 参数和主板 BIOS 数据免遭各种病毒的侵害，真正实现对计算机数据的全方位保护。中心机房在每台计算机上安装了硬盘保护卡，通过每次的开机重启对于硬盘数据的修改来保护计算机系统不被破坏，使机房计算机无论是在网络浏览还是上机实验时都更加安全、快捷和高效。

1.2.1　硬盘保护卡的工作原理

硬盘保护卡也称硬盘还原卡，保护和还原这两个名字从两方面分别说明了它的功能和实现这种功能所采用的方法。其主要功能是恢复计算机硬盘上的数据，防止磁盘的全部或者部分扇区的数据被染毒、误删或恶意删除，起到保护数据的作用。每次开机时，硬盘保护卡会根据预先的设定，对于硬盘的部分或者全部分区自动实施恢复操作，回到用户预先设定的某一时刻点的系统状态。换句话说，任何对受保护的硬盘分区的修改都无效，系统总是恢复到初始的状态，这样就起到了保护硬盘数据的作用。

硬盘保护卡的种类很多，但它的主体都是一种硬件芯片。这类卡现在大都采用 PCI 总线技术，在安装时只要把卡插入计算机的任意一个 PCI 空闲的扩展槽中即可，无须安装驱动程序，实现了即插即用。还原卡加载驱动的方式十分类似 DOS 下的引导型病毒，即它首先接管 BIOS 的 INT13 中断，将 FAT、引导区、CMOS 信息、中断向量表等信息都保存到卡内的临时储存单元中或是在硬盘的隐藏扇区中，用自带的中断向量表来替换原始的中断向量表；另外再将 FAT 信息保存到临时储存单元中，用来应付对硬盘内数据的修改；最后在硬盘中找到一部分连续的空磁盘空间，然后将已修改的数据保存到其中。保护卡与硬盘的主引导扇区(MBR)协同工作，简单的来说，在计算机启动时硬盘保护卡对硬盘读写操作的 INT13 中断进行接管，保护卡在暂时先用它自己的程序接管 INT13 中断地址。通过这样的设置，只要是对硬盘的读写操作都经过保护卡的保护程序进行保护性的读写，则保护卡接管了所有可能对于保护扇区文件的修改操作。每当向硬盘写入数据时，即刻完成了写入到硬盘的操作，但这没有真正修改硬盘中的FAT,而是写到了保护卡备份的FAT表中,保护卡所保护区域其实并没有被写操作所改变。对于硬盘的写操作只是在这一次重启系统之前起作用,但是系统重启后所有写操作都会被抹去,系统又恢复到了原有的状态。

图1-1为圆柱示意图。以下简单说明数据还原前后硬盘的状态:

图1-1 硬盘保护卡简单工作原理

保护区 硬盘上被硬盘保护卡保护的分区。机房设置的保护区是系统软件及应用软件所在的分区。

操作 指对硬盘的保护区数据进行添加、删除和修改等。

还原 将被保护的硬盘数据还原到硬盘保护卡保护工作状态时或上次转储时的状态。在此状态基础之上更新的硬盘数据将被清除掉。

硬盘保护卡利用硬盘介质的冗余性,并运行硬盘保护卡的还原命令后,系统将被保护的硬盘数据还原到硬盘保护卡保护工作状态或上次转储时的状态。无论做怎么样的操作,每一次关机、重启后,系统都恢复到操作前的状态,即只能读出不能写入,保护了系统分区数据及所安装软件的完整、安全和稳定。在开机的一瞬间,硬盘保护卡实现了对于硬盘数据的保护和恢复,使用户不用担心系统被破坏或重要数据的丢失。这从硬件的层面上实现了对计算机软件系统的保护,是彻底解决计算机数据保护问题的最佳方案之一。

1.2.2 使用硬盘保护卡保护软件系统

计算中心作为开放的上机实践环境需要,可根据不同类型、不同专业上机内容的不同安装各种应用软件和系统软件。硬盘保护卡可以对计算机硬盘的不同分区进行写保护或允许写操作,可以在重新启动计算机时或手动还原后使计算机恢复到初始设置时的状态。如机房管理员需要更新软件系统,安装新软件,可以在输入正确的硬盘保护卡密码后解除硬盘的写保护,待设置完成之后可重新保护。硬盘还原卡还具有硬盘复制和网络对拷,可以方便地进行大批量机器软件的安装;强大的数据复原能力,可以及时防止病毒感染和破坏硬盘中的宝贵资料,无须再安装其他的杀毒软件,这样大大减轻和方便了机房的管理和维护。硬盘还原卡的安装使用极其简单,高度智能化,甚至连安装软盘都可以不要,真正实现了即插即用。

根据机房系统软件使用状况,在通常状态下一般是将硬盘保护卡设置为自动还原状态的。需要强调的是:当学生在上机实验时,一定要把自己的有用数据保留到数据存储区;否则在重新启动计算机后,硬盘将会执行还原命令,之前保留的数据将会丢失。硬盘保护卡在学校的机房管理中占有很重要的地位,基本上达到了"一卡无忧"的目标;使用了硬盘保护卡后极大地减少了机房的维护工作量，无须担心病毒、误操作等问题。换句话说，不管是病毒、误改、误删、故意破坏硬盘的内容等，都可以轻易地还原。当然，如果硬盘发生了物理性损坏，硬盘保护卡是无能为力的。

1. 安装硬盘保护卡

现在的硬盘还原卡种类很多，大多是 PCI 总线，采用了即插即用技术，不必重新进行硬盘分区，而且免装驱动程序。安装时把卡插入计算机中任何一个空闲的 PCI 扩展槽中，开机后检查 BIOS 以确保硬盘参数正确，同时将 BIOS 中的病毒警告设置为 Disable。在进入操作系统前，硬盘还原卡会自动跳出安装画面，即先放弃安装而进入 Windows，确保计算机当前硬件和软件处于最佳工作状态。还建议检查一下计算机病毒，确保安装还原卡前系统无病毒，最好先在 Windows 里对硬盘数据作一下碎片整理。杀毒软件的实时防毒功能、各种基于 Windows 的系统防护/恢复软件的功能已经完全或者部分地被还原卡包含，建议关闭或不安装或卸载。

重启后安装还原卡，并设置还原卡的保护选项(具体设置因还原卡不同而异)。但大多都应有以下几项：硬盘保护区域设定、还原方式设定(包括开机自动恢复、选择恢复和定时恢复等)、密码设定等。设置完毕，保护数据后，整个硬盘就在还原卡的保护之下了。

2. 还原卡的多分区引导

中心机房负责全校学生的上机实践课程，不同的专业和不同的年级所应用的软件也各不相同。如果每一种软件都安装在同一个操作系统里边，将会使微机运行速度大大减慢，影响软件的正常使用。因此通过还原卡的多重分区引导功能，可以将硬盘分为若干个分区，即系统分区和数据存储区。对于每一个系统分区，用户可通过硬盘保护卡对它进行保护。而另外开辟出数据存储区作为公用区不加任何保护，可供师生在上机实验时保存数据之用。

目前，根据师生上机使用软件的情况，机房计算机通过硬盘保护卡将硬盘分为三个系统分区，如图 1-2 所示。图中每个分区安装不同类型的应用软件，适用于师生上机的不同应用。各分区的基本操作系统平台为 Windows 2000 专业版。

机房承担着各种重要的上机考试，例如全国计算机等级考试、河北省大学生计算机考试以及天津市等级考试等。为了确保各种考试的顺利进行，机房计算机第三个系统分区(WIN2K-3)作为考试专用分区。

对硬盘保护卡第四个系统分区的设置通常作为隐含分区不对师生开放的，这样学生在平时教学上机或自由上机时打开计算机看到的是通常使用的两个分区，如图 1-3 所示。

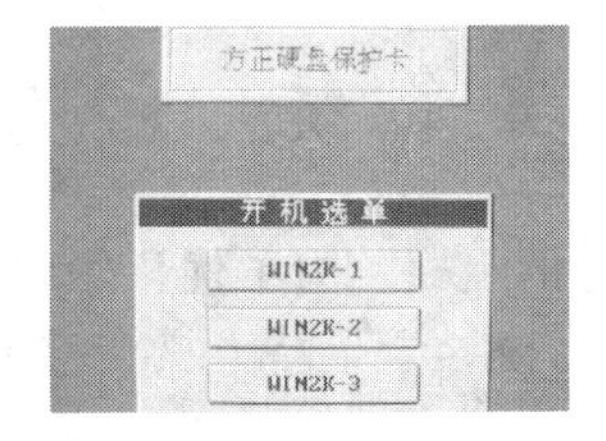

图 1-2　硬盘保护卡开机选单

图 1-3　通常使用时开机选单

第 2 章　机房管理系统及软件系统

计算机的普及教育对培养学生的动手操作能力和独立工作能力有着非常重要的作用。计算机机房是高校的窗口，是高校进行教学工作、锻炼学生实践能力和提高学生对网络信息的理解能力的重要场所。随着信息化教育的不断深入，计算机实践教学逐渐成为高等院校信息技术教学的重要组成部分。学生可以通过课堂学习与上机实践操作相结合，真正掌握计算机技术。计算中心机房作为大学公共机房，为信息网络技术实践教学提供技术支持和后勤保障，是大学教育系统的重要组成部分。

机房承担着各个学科的实践教学任务，其主要目的是保障实践教学高效、安全、有序地运行。计算中心机房不仅承担了全校计算机公共课程的上机实践教学活动，同时还是学生上网浏览查阅信息资源、获得国内外最新的科研成果、网上选课、了解学校新闻、收发邮件、查看通知和成绩等信息的重要场所。除此之外，机房还承担了各种上机考试工作：例如每年进行的国家计算机等级考试、各省市进行的计算机基础考试、各专业提升专业职称的计算机考试等，同时为各种考试和培训教学提供实践环境。总之，计算机机房集教育、管理和服务于一体，需要经常在各种应用模式之间进行角色转换。为了能够出色地完成教学任务，计算中心形成了一套完整的管理服务体系，使服务教学和服务学生真正体现在日常工作的一点一滴之中。机房管理水平的不断提高，真正让教师和学生体会到了信息化带来的便捷。

在保障正常教学工作的同时，计算中心还开放了自由上机服务，利用课余时间开放机房供学生上机操作，有效地弥补了学生上课时间短、实践机时少的矛盾，大大提高了教学工作效果，也丰富了学生的课余生活。学校的公共机房为全校师生开放教学上机实践和自由上机服务，为师生们进行科学研究、开发创新和申请项目提供实践环境。机房良好的科研和实践环境能够激发教师和学生的创造力，激励师生参加各种计算机竞赛和开发各种前沿创新项目。这些项目所需要的开发环境有可能涉及不同的软件和操作系统，并且还需要安装一些特定的应用软件。本章将介绍机房的管理系统和软件系统。

2.1　机房管理系统

近几年来，学校加大了对机房的投入，扩大了机房的规模。为了优化管理，机房采用了智能化的上机刷卡管理系统，即非接触射频上机卡管理系统。学生持上机卡可到计算中心的任何一个机房上机，从而实现了机房的统一管理、统一收费。

经过近一年的试运行，发现很多同学由于对此系统不熟悉，造成了时间上的浪费和不必要的经济支出。为了使同学尽快熟悉上机刷卡管理系统，本章就上机卡的使用、刷卡流程及常见问题进行介绍。

2.1.1　上机卡简介

计算中心使用的上机卡是一种多功能的IC卡，它在很多领域有着广泛的应用，可以对持卡人、卡终端和卡片三方面身份做认证，是高效的支付和结算工具，实现了机房管理的自动化和科学化。卡内的金额由公费金额和自费金额组成。每个学期初，学校将根据专业及计算机课程的安排，在每个学生的上机卡账户中充入一定的公费金额，学生在上课或业余时间上机，都可以使用公费金额。公费金额消费完后，学生可到机房办公室进行自费金额的充值，以便能够继续上机。

卡上的金额不论公费金额还是自费金额，都是1元钱上机1个小时，系统默认的扣费顺序是先公费金额后自费金额，公费金额不足1元和自费金额也不足1元时，系统提示不够上机资格，必须进行充值，每次充值的最小金额为10元。每学期初学校将根据专业及课程安排，对学生账户的公费金额充入对应课程所需的机时，到本学期末，管理员将对账户内公费余额全部清零。自费金额不清零，仍旧保留，一直累计消费。卡中的自费金额只有在毕业生毕业离校时可以办理清卡手续，提取自己卡里的自费金额。

上机卡是学生在计算中心机房上课、业余上机的唯一凭证。使用上机卡应注意以下几个方面的问题，以保证同学们学习不受影响。

1. 上机卡的用途

上机卡类似于图书馆的借书证，每一位在校学生都应持有一张上机卡，作为在校四年中每学期需要在计算中心机房进行的实验课、选修课、课程设计、毕业设计及业余上机等实践学习课程唯一的认证凭证。

2. 上机卡的办理方法

为了保证每一位同学正常的学习生活，大学一年级新生入学后，各班班长应尽早收集本班学生的学籍信息到机房办公室集体办理上机卡，上机卡每张工本费为10元。

3. 上机卡的充值

当上机卡上的公费金额不足1元或自费金额不足1元时将失去上机资格，必须到机房充值，系统默认的充值最小金额为10元。

4. 上机卡的挂失及补办

学生的上机卡丢失以后，一定要及时持学生证等有效证件到机房办公室办理挂失手续，以免造成不必要的损失。挂失后如有需要，可以凭有效证件到机房办公室补办上机卡。

2.1.2　刷卡上机流程及系统介绍

学生进入机房，每层机房都有上机刷卡系统管理机，学生持上机卡到刷卡机前刷卡，刷卡成功，刷卡机有“滴”的一声响，在屏幕上显示学生的信息，并在屏幕右侧有“上机登记成功”的提示，如图 2－1 所示。

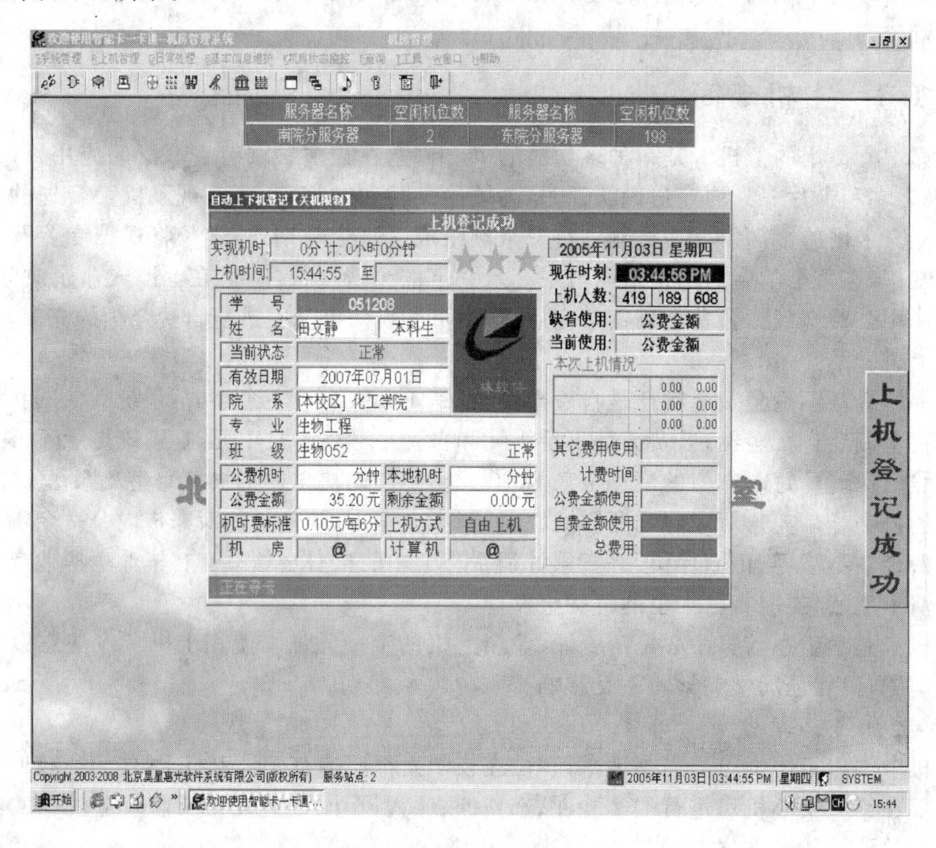

图 2－1 刷卡上机登记信息

刷卡成功后，学生进入所在的上机机房，打开计算机屏幕显示如图 2－2 所示的系统盘选择菜单窗口。根据自己所学课程进入相应的操作系统。

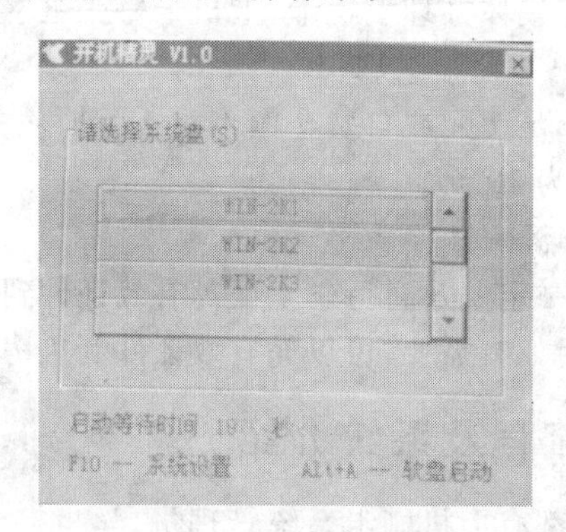

图 2－2 系统盘选择窗口

用↑、↓键选择自己想要的三个操作系统中的其中一个，按回车键进入所选的操作系统。系统启动之后，进入登录对话框，出现一个如图 2-3 所示的黄色对话框。

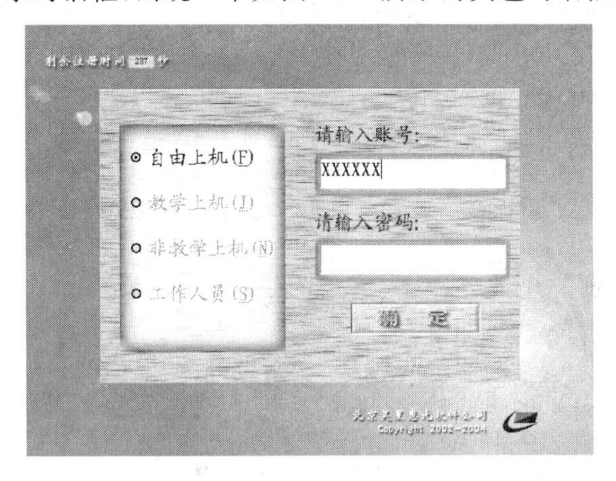

图 2-3　登录信息对话框

无论是上课还是自由上机，学生都应选择“自由上机”一栏，并在“请输入账号”的下面输入自己的学号。第一次登录系统的时候，系统默认密码为空，输入学号后直接用鼠标单击“确定”按钮，光标进入“提交注册”窗口，如图 2-4 所示。

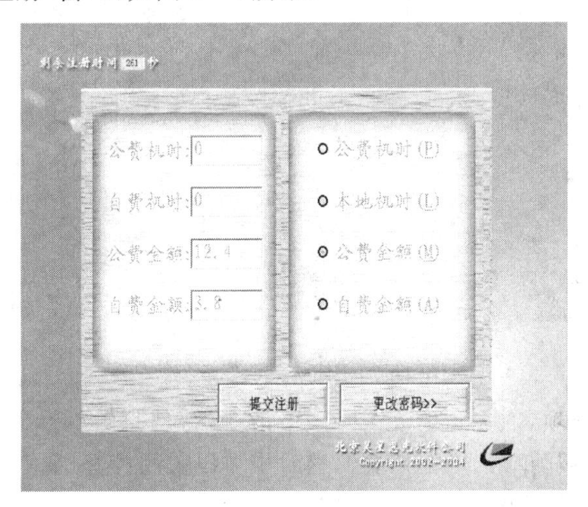

图 2-4　“提交注册”窗口

为了保障同学账户安全，建议同学们第一次登录时应把自己的上机卡设置一个密码，单击“更改密码”按钮，系统会弹出更改密码的对话框，如图 2-5 所示。

在“请输入新密码”的对话框里输入自己设置的密码；在“请再次输入密码”中重复输入自己设置的密码，然后单击“确认更改”按钮，系统会出现如图 2-6 所示的“确认更改”密码窗口。

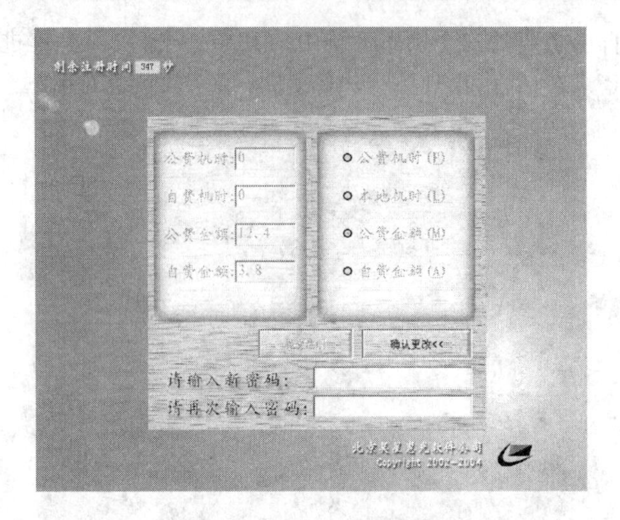

图 2-5 "更改密码"窗口

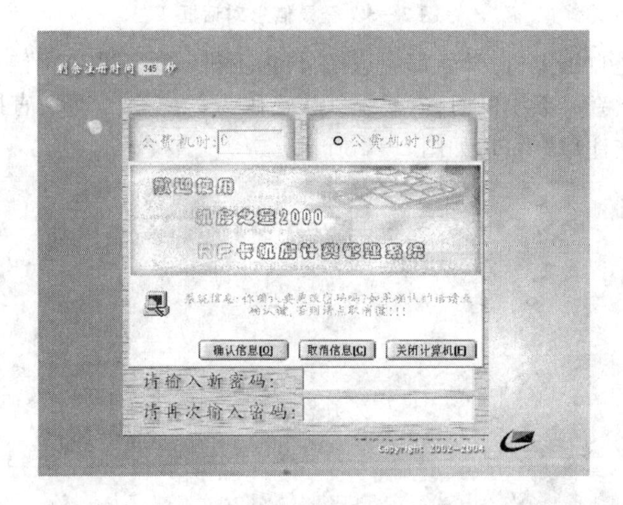

图 2-6 "确认更改"密码窗口

该系统提供三种选项，确实要更改密码。单击"确认信息"图标，则密码更改成功，进入系统；若暂时放弃更改密码，单击"取消信息"，这时也可以关闭计算机，取消本次上机。确认更改密码之后，要牢记自己的密码，以免对上机造成影响。

2.1.3 关闭计算机的操作

同学们在自由上机或者教学上机过程中经常会出现这样的问题，为什么我的计算机关不了，正常下机之后为什么账户欠费了，为什么我的公费金额用不了等问题。之所以出现这些问题，是大家不了解正常下机过程，或者是由于匆忙而导致下机异常所造成的。本节将重点讲述正常下机注销的流程。

1. 下机注销

在自由上机过程中，如果想结束本次登录上机，一定遵循正常的下机注销方法。注销程序如下：单击桌面上的“下机注销”图标，如果机器和服务器连接正常的话，桌面会弹出“下机注销关闭计算机”，单击“确定”按钮即可正常下机；如果桌面出现“强制关机”，说明该计算机没有和服务器连通，重启计算机之后重新执行下机注销；若问题依然存在，则联系机房老师协助解决。注意一定单击“下机注销关闭计算机”才能正常下机，“强制关机”将导致下机注销异常。下机注销界面如图 2－7 所示。

图 2－7　下机注销关闭计算机

2. 关机后再次刷卡

在正常关闭机器之后，同学们将显示器关闭，并把桌面收拾干净，将椅子推入桌子下面，为下一个上机创造一个干净舒适的环境。在机房下机后，还需再次到刷卡机上刷卡注销上机卡。刷卡注销和刷卡上机一样，会出现“嘀”声提示音，屏幕上将显示该学生的信息，并在屏幕左侧出现“下机等记成功”的字样，如图 2－8 所示。

若在刷卡机刷卡而未登录机器，也会出现“本次上机取消”的字样，如图 2－9 所示。

如果在下机注销时出现“强制关机”，则在刷卡注销时系统会提示“请重新执行下机注销”，文本框，这时用户必须去机房执行下机注销操作，否则刷卡下机失败，系统会继续计费，这也就是为什么同学们账户莫名其妙欠费的主要原因。只有下机刷卡成功，本次上机才算结束。

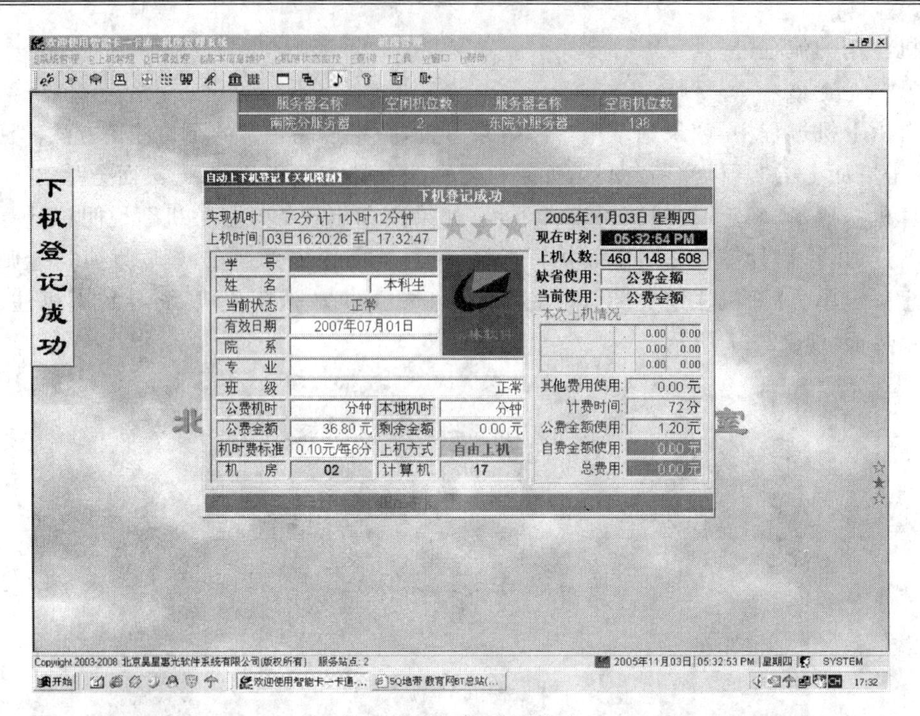

图 2-8 下机登记成功

图 2-9 本次上机取消

2.1.4　常见刷卡的问题及解答

1. 感应区域并无反应

为什么有时卡放在刷卡机的感应区域上并没有任何反应？我们所使用的 IC 卡磁条中记录了同学们的学籍和账户信息，任何对卡的损坏包括不小心把卡弯折或是靠近热源及有磁场的物体后，磁条消磁或者减弱，读卡器都不能正确识别，这种情况，只能到机房办公室重新办卡。如果卡确实没有问题，也可能是刷卡方法不正确，卡没有放在刷卡机的感应区域内，将卡反过来重复刷一次即可。

2. 不够上机的提示

为什么同学们刷卡上机的时候会提示："抱歉，您已不够上机资格…"，如图 2－10 所示。

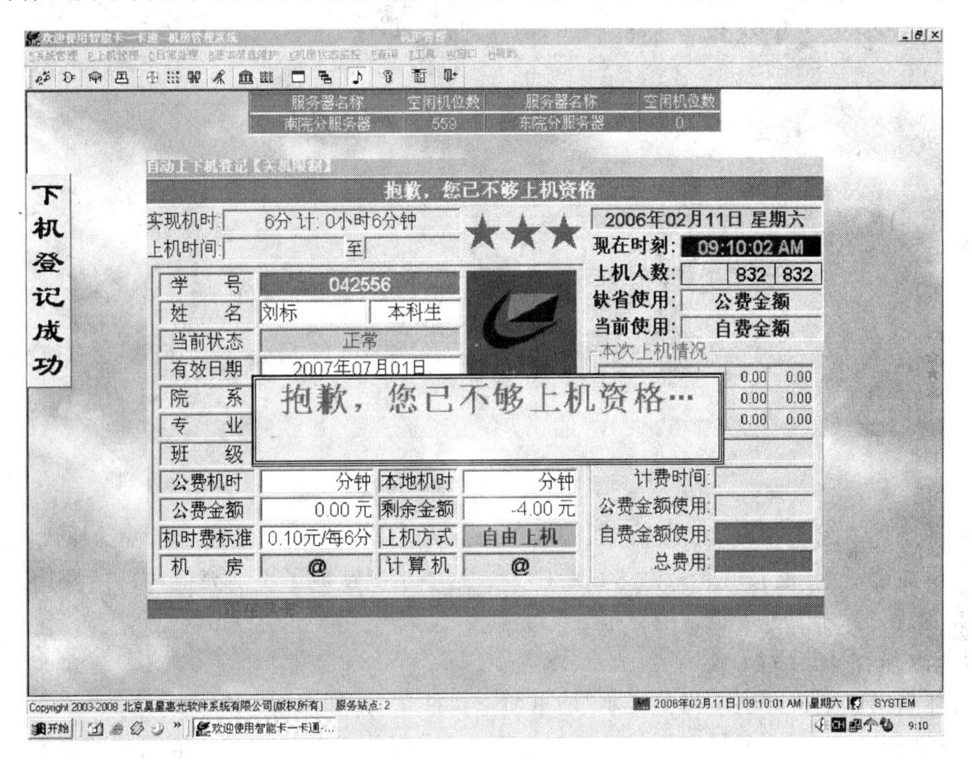

图 2－10　不够上机资格提示

系统在初始运行时，设置了每个账户的上机最低余额限度。当公费金额不足 1 元或自费金额不足 1 元将不够上机资格。新生入学卡里充入公费，这时自费金额为 0，只要公费金额大于等于 1 元，就可以上机。出现这种提示，说明卡上的账户公费或者自费金额已经不足，需要到机房办公室进行充值，交钱充值后问题即可解决。

3. 读取钱包出错

为什么在充值的时候，会提示“读取钱包信息出错，请重新操作……，在服务站点2未处理完毕”？如图2－11所示。

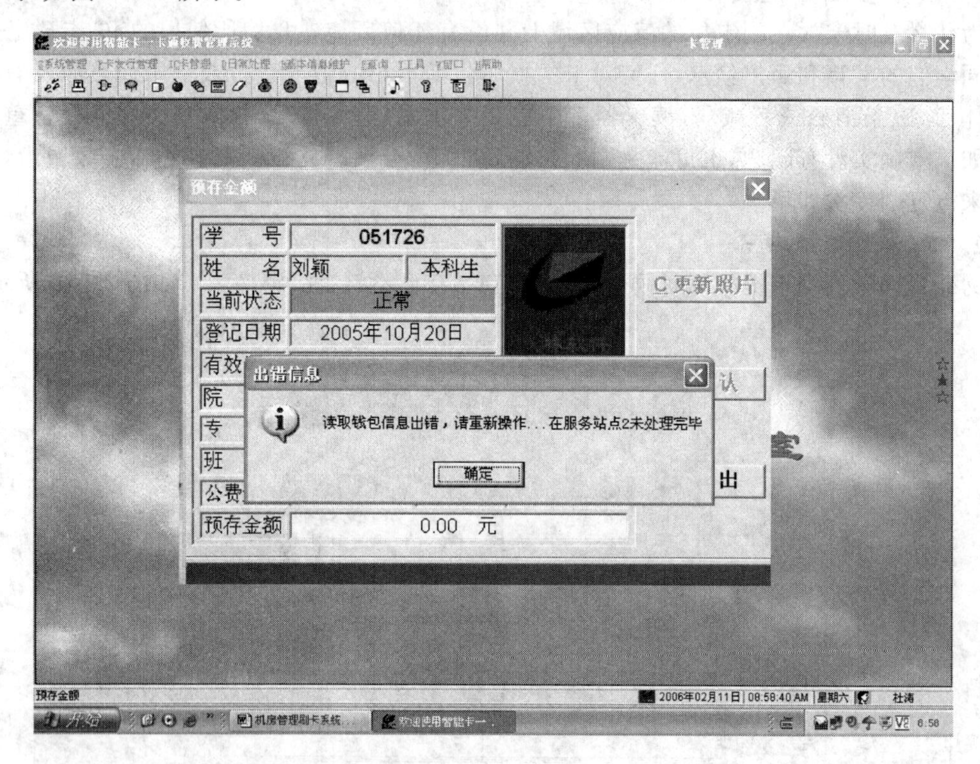

图2－11 读取钱包出错

出现这种情况，一般是上次离开机房时没有正常的刷卡注销，或者由于特殊原因，即由机房管理员注销了卡，也有可能是因为已经刷卡。这些情况造成了不能充值，需要到刷卡机上重新刷卡注销一下才能进行正常的充值。

4. 重新下机注销

为什么刷卡下机时刷卡机会提示“请重新下机注销”？如图2－12所示。

这种情况的出现大多是在下机注销时出现了“强制关机”，而用户没有再次启动机器重新注销导致了非正常下机。遇到这种情况，要重新打开自己刚才使用的机器，进入系统，输入自己的学号和密码重新登录，正常进入系统后，应单击桌面上的“下机注销”图标，出现提示“下机注销关闭计算机”，确保计算机已经和服务器连通，单击“确定图标”即可正常下机，然后再去刷卡，问题即完全解决。

5. 卡内金额与上机金额对不上

刷卡时会发现卡里的金额和自己上机时的金额对不上，而且钱数少了很多？这种情况有可能是同学下机的时候比较匆忙，卡没有刷好，或者只关机没有刷卡就离开了机房。出现这种情况系统将继续记时收费，这种损失可惜却无法弥补，请同学们一定要注意，千万要正常下机，正确刷卡。

图 2-12 重新下机注销

6. 充值时间

我的卡里没钱了，什么时候可以充值？一般情况下，每周一、二、四下午两点至五点为同学们办理上机卡充值业务，若有变动请随时关注计算中心通知。

2.2 各分区安装的软件实例

作为学校的公共机房，计算中心机房根据学校统一安排，承担完成各专业学生的计算机教学任务，即承担学校计算机文化基础课程、计算机语言、部分专业课实践、毕业设计上机任务等工作。根据专业和年级的差别，对于不同学生群体提供相应的教学内容和应用软件。对于计算机基础知识欠缺的学生，提供 Office 系列工具的讲解，并为后续的学习提供必要的工具；对应于不同的专业需求，分别开设 C、VB、C++等各种基础编程语言，以达到能够继续本专业后续深造学科的要求。计算机还安装了专业绘图和设计软件，如 Illustrator10、Photoshop、

3DMAX、OriginPro、AUTOCAD 等制作工具；安装了 VFP、SQL Server 等各种数据库。为了方便学生上机使用计算机软件，可根据各种软件的不同应用，通过管理系统做成几个系统分区并且在各个分区里安装了不同应用类型的软件。由于应用软件版本的多样性、应用软件本身的复杂性，以及各个应用软件之间的兼容性等给软件的安装、调试和维护工作带来很大的工作量。

近两年来随着学校对于机房投入力度增大，机房内机器不断地更新换代，一批配置高、速度快的新型微机取代了老型号的旧机器。由于每个系统所能承载的软件数量不断增加，一般机器安装了两个分区。为了满足各种上机要求，方便师生上机使用计算机软件，校计算中心机房在每个分区里安装了不同使用类型的软件。

每个分区安装了 Windows 2000，并作为操作系统，在最大限度利用现有资源情况下，保证系统的稳定性。每一台机器中安装了三个系统，名称分别为“WIN2K－1”、“WIN2K－2”和“Winxp”。第一个系统中安装的多是一些语言开发工具网页设计类软件，第二个系统中主要安装了一些工程制图、工程设计等类软件，第三个系统用于国家计算机等级考试。下面分别介绍两个分区中的各个软件。

2.2.1 WIN2K－1 分区安装软件介绍

WIN2K－1 主要是一些办公软件，适用于刚入学的新生对于计算机文化基础课的学习。为进一步的深入学习还安装了为后续课程打基础的一些语言开发工具和专业设计软件。用户只要在开机界面中单击或者用上下箭头选中“WIN2K－1”图标，回车执行后即可进入系统。WIN2K－1 系统界面如图 2－13 所示。

图 2－13 WIN2K－1 分区界面

机房内的第一个分区里安装的软件主要有 Turbo C 、Microsoft office、Microsoft Visual Basic、Visual Foxpro、Visual C＋＋、Visual J＋＋ 、Adobe Illustrator10、Adobe pagemaker、Adobe Photoshop、Macromedia Firworks、CoreDRAW 等开发工具软件。下面逐一对这些软件进行介绍。

1．Turbo C

C 语言是高校理工科各个专业的程序设计基础课。Turbo C 是美国 Borland 公司的产品，Turbo C 2.0 是该公司 1989 年出版的版本。Turbo C2.0 不仅是优秀的 C 语言编程工具，而且还是广大编程学习者的入门语言。Turbo C2.0 不仅是一个快捷、高效的编译程序，同时还有一个易学、易用的集成开发环境。使用 Turbo C2.0 无须独立地编辑、编译和连接程序，就能建立并运行 C 语言程序。因为这些功能都组合在 Turbo C2.0 的集成开发环境内，并且可以通过一个简单的主屏幕使用这些功能。

除此之外，Turbo C2.0 在原来集成开发环境的基础上增加了查错功能，并可以在 Tiny 模式下直接生成.COM 文件，还可对数学协处理器进行仿真。Turbo C2.0 是 DOS 时代优秀的 C 语言编程工具，而 C 语言的实验环境依然是 DOS 环境下的 Turbo C ，这给教学和上机实验带来了极大的麻烦。为此，在系统内安装了 Windows 环境下 Turbo C for Windows 集成实验环境。

当上机实验需要运行 Turbo C 软件时，可以在 Windows 系统中单击“开始”按钮，然后选择菜单中的“运行”命令，弹出“运行”对话框(见图 2－14)，在“打开”文本框中输入运行命令“tc”并单击“确定”按钮，便可运行。

图 2－15 所示为 Turbo C 2.0 软件在 Windows 环境下的运行界面。

图 2－14　TurboC 运行窗口界面

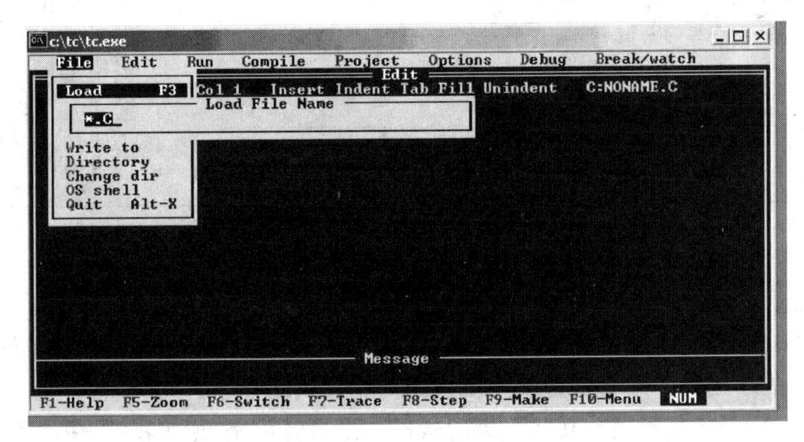

图 2－15　Turbo C2.0 软件应用界面

2. Visual FoxPro

Visual FoxPro（简称 VFP）是 Microsoft 公司第一个带有 Window 95 标志的应用软件，起源于 xBase 编程语言系列。该系列中包含 dBASE Ⅱ 和 dBASE Ⅲ、clipper\FoxBase 以及 FoxPro。VFP 是目前微机上最优秀的数据库管理系统软件，正如其名称中冠之的"Visual"一样，采用了可视化的、面向对象的程序设计方法，大大简化了应用系统的开发过程，并提高了系统的模块化和紧凑性。VFP 提供了大量的系统开发工具和向导工具（wizard），使以往费时费力的开发工作变得轻松自如。VFP 可视化的设计工具免除了开发者编写程序代码的大量工作，甚至在不需要学习 VFP 的有关命令或函数的情况下，也能设计出功能强大的应用系统。

在图 2－13 中单击 Visual FoxPro 图标，系统立即显示出如图 2－16 所示的 Visual FoxPro 应用界面。

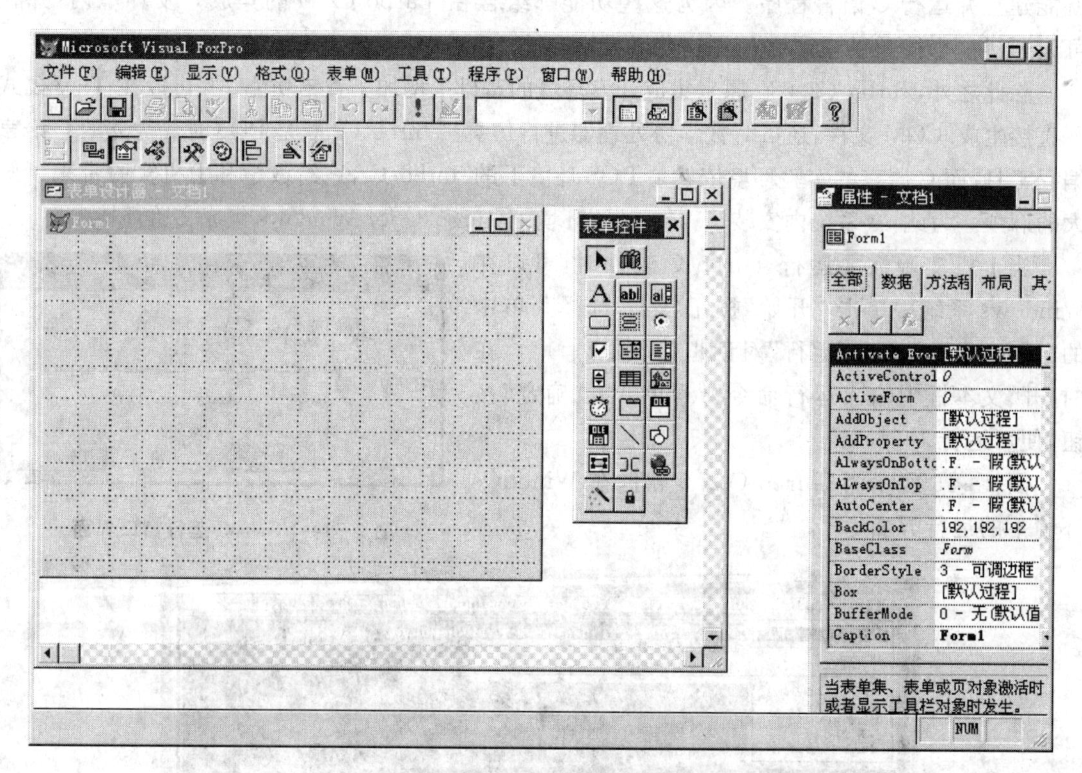

图 2－16 Visual FoxPro 软件应用界面

3. Visual Basic

Visual Basic 是微软公司出品的一个快速可视化程序开发工具软件，借助微软在操作系统和办公软件的垄断地位，Visual Basic 在短短的几年便风靡全球。

Visual Basic 是极具特色和功能强大的软件。主要特色是：所见所得的界面设计，基于对象的设计方法，极短的软件开发周期，较易维护的生成代码等。Visual Basic 能使编程工作变得轻松快捷，摆脱了面向过程语言的许多细节，而将主要精力集中在解决实际问题和设计友好界面上。因此，Visual Basic 在国内外各个领域中应用非常广泛，许多计算机专业和非计算机专业人员常利用它来编制开发针对不同专业的应用程序和软件。专业人员可以用 Visual Basic 实现其他任何 Windows 编程语言的功能，而初学者只要掌握几个关键词就可以建立实用的应用程序。

在图 2－13 中单击 Visual Basic 图标，系统立即显示出如图 2－17 所示的 Visual Basic 软件应用界面。

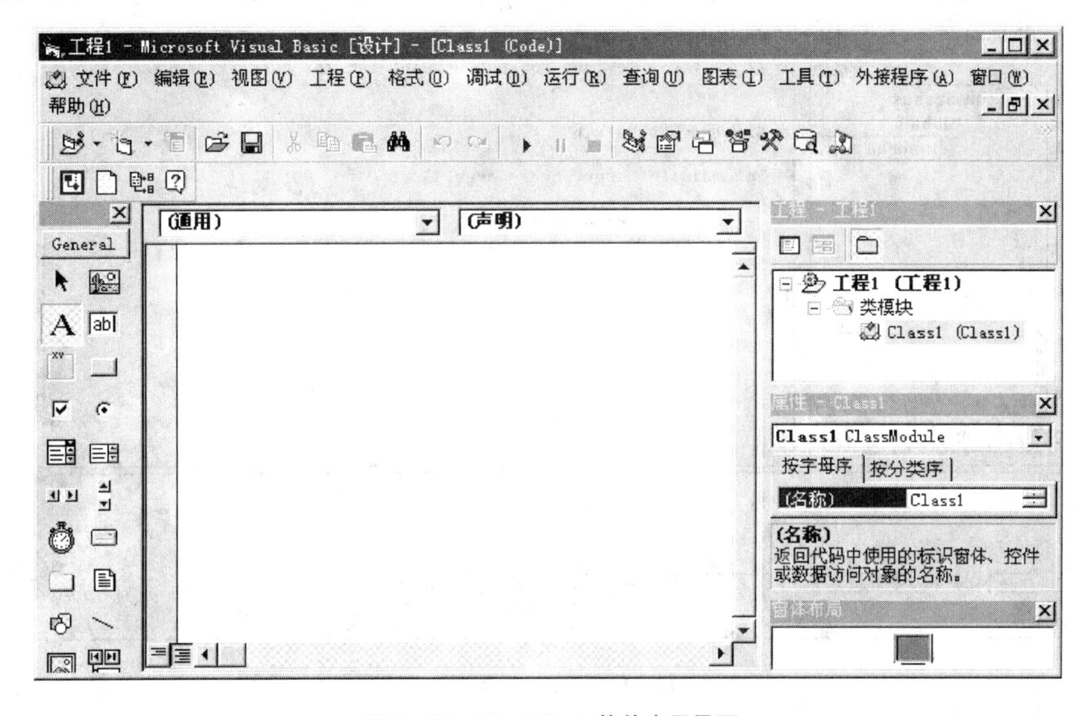

图 2－17　Visual Basic 软件应用界面

4. Visual C＋＋

Visual C＋＋是美国 Microsoft 公司推出的 4GL 软件开发工具，目前已成为国内应用最广泛的高级程序设计语言之一。同其他软件开发工具相比，Visual C＋＋具有以下优点：

(1) 面向对象、可视化开发　提供了面向对象的应用程序框架 MFC(microsoft foundation class：微软基础类库)，大大简化了程序员的编程工作，提高了模块的可重用性。Visual C＋＋还提供了基于 CASE 技术的可视化软件自动生成和维护工具 AppWizard、ClassWizard、Visual Studio、WizardBar 等，帮助用户直观的、可视地设计程序的用户界面，可以方便地编写和管理各种类，维护程序源代码，从而提高了开发效率。用户可以简单且容易地使用 C/C＋＋编程。

(2) 众多的开发商支持以及业已成为工业标准的 MFC 类库　MFC 类库已经成为事实上

的工业标准类库,得到了众多开发商和软件开发工具的支持。另外,由于众多的开发商都采用Visual C++进行软件开发,这样用Visual C++开发的程序就与别的应用软件有许多相似之处,易于学习和使用。

在图2-13中单击Visual C++ 图标,系统立即显示如图2-18所示的Visual C++软件应用界面。

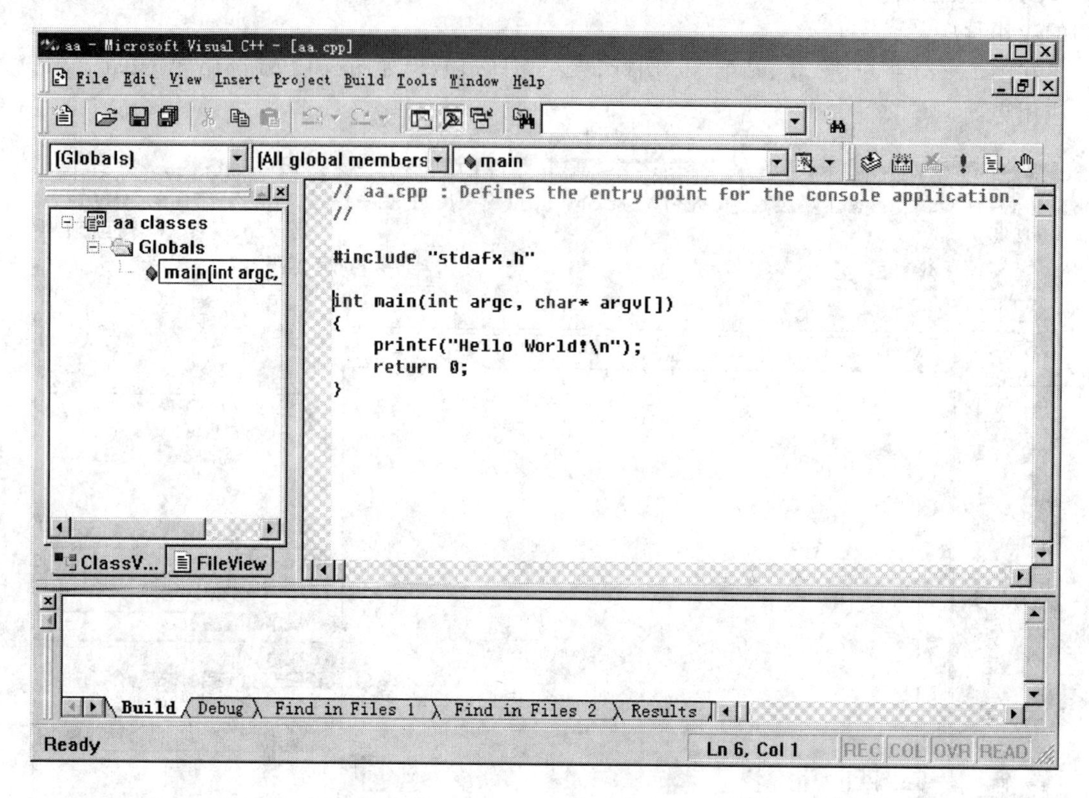

图2-18 Visual C++软件应用界面

5. Visual J++

Visual J++是Microsoft为Java语言开发的Windows程序集成开发环境,功能强大,表达能力强。Java语言是一种简单的、面向对象的、分布式的、健壮的、安全的、与硬件平台无关的、可移植的、高性能的、多线程的以及动态解释执行型的程序设计语言。Java语言具有能独立于平台而运行、面向对象、可对动态画面进行设计与操作、坚固性等特点,又具有多线程、内置校验器用来防止病毒入侵等功能。所以在Internet上研制与开发软件时,特别受到用户的欢迎。Java作为一种类C/C++,但其平台无关性和与互联网发展紧密结合,未来必定成为互联网和计算机应用的主流。

在图2-13中单击Visual J++ 图标,系统立即显示如图2-19所示的Visual J++软件应用界面。

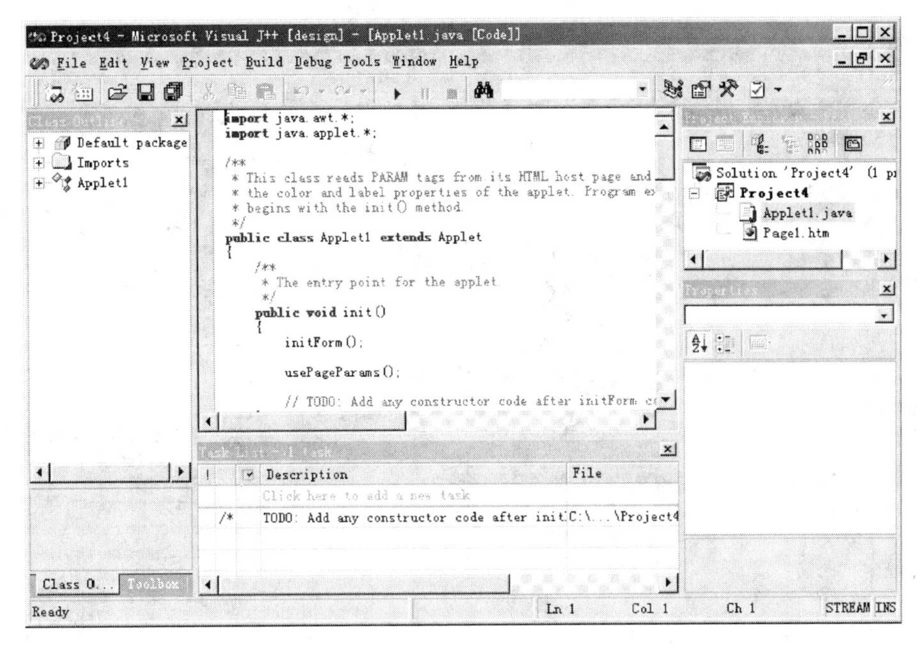

图 2-19　Visual J++软件应用界面

6. Adobe Illustrator10

Adobe Illustrator10 是出版、多媒体和在线图像的工业标准矢量绘图软件。无论是生产印刷出版的设计者,或从事包装设计的专业插画家,或生产多媒体图像的艺术家,还是互联网页或在线出版的制作者,使用 Adobe Illustrator 所提供的具有突破性,富于创意的选项和功能强大的工具,定能完美的实现自己的设计意图,提供无限的创意空间。Adobe Illustrator 是一个绘图软件包,允许用户创建复杂的艺术作品和技术图解;用于打印图形和页面设计图样、多媒体以及 Web ,它提供了广泛而强大的绘图和着色工具。

在图 2-13 中单击 Adobe Illustrator10 图标,系统立即显示如图 2-20 所示的 Adobe Illustrator10软件应用界面。

7. Adobe Photoshop

Adobe Photoshop 是公认的最好的通用平面美术设计软件,由 Adobe 公司开发设计。其用户界面易懂,功能完善,性能稳定,所以,在几乎所有的广告、出版、软件公司,Photoshop 都是首选的平面工具。大家所熟悉的 Photoshop 7.0 的下一代产品不是 Photoshop 8.0,而是被命名为 Photoshop CS,而 CS 的意思是 Creative Suit。Adobe 给设计师们带来了很大的惊喜,Photoshop CS 新增了许多强有力的功能,这大大突破了以往 Photoshop 系列产品,并更注重平面设计的局限性,对数码暗房的支持功能有了极大的加强和突破。

在图 2-13 中单击 Photoshop 图标,系统立即显示如图 2-21 所示的 Adobe Photoshop 软件应用界面。

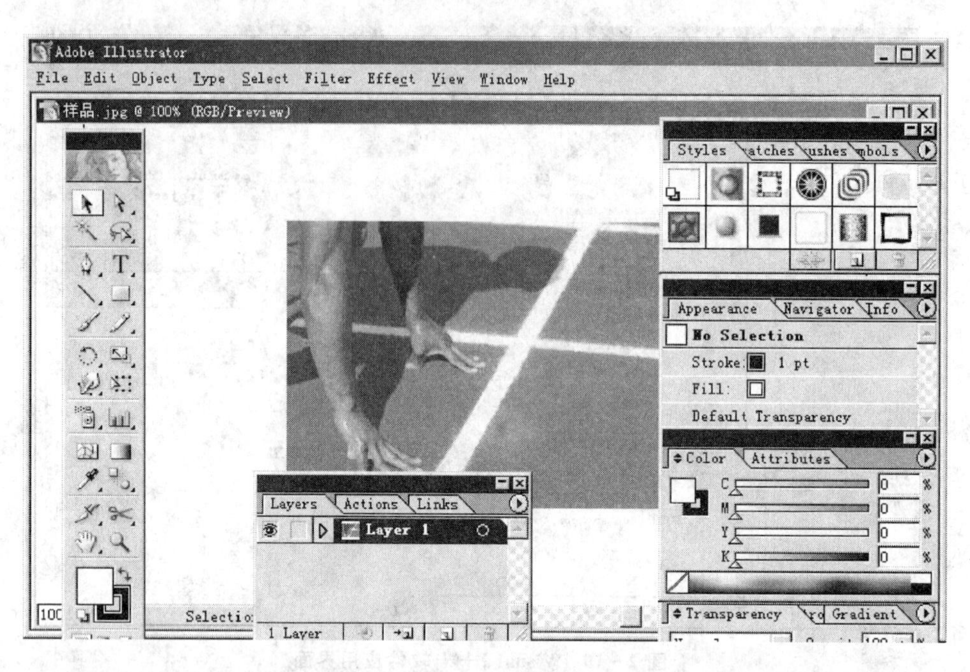

图 2－20　Adobe Illustrator 软件应用界面

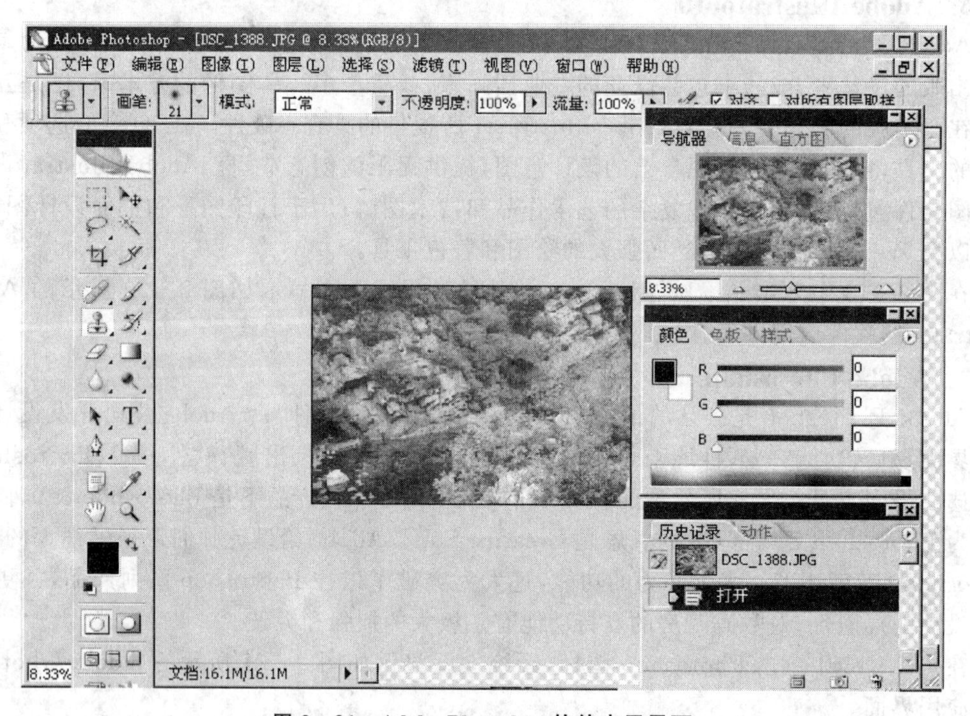

图 2－21　Adobe Photoshop 软件应用界面

8. Adobe PageMaker

PageMaker 是由创立桌面出版概念的公司之一的 Aldus 于 1985 年推出，后来在升级至 5.0 版本时，被 Adobe 公司在 1994 年收购。

PageMaker 提供了一套完整的工具，用来产生专业、高品质的出版刊物。它的稳定性、高品质及多变化的功能特别受到使用者的赞赏。另外，在 6.5 版本中添加了一些新功能，使用户能够以多样化、高生产力的方式，通过印刷或 Internet 来出版作品。PageMaker 6.5 版本可以在 WWW 中传送 HTML 格式和 PDF 格式的出版刊物，同时还能保留出版刊物中的版面、字体以及图像等。在处理色彩方面也有很大的改进，提供了更有效率的出版流程。而其他的新增功能也同时提高了和其他公司产品的相容性。因此，PageMaker 操作简便但功能全面，即借助丰富的模板、图形及直观的设计工具，用户可以迅速入门。由 PageMaker 设计制作的产品在人们的生活中随处可见，将为您的生活开拓出一片崭新的空间，如：说明书、杂志、画册、报纸、产品外包装、广告手提袋、广告招贴等。图 2－22 所示为 Adobe PageMaker 软件应用界面。

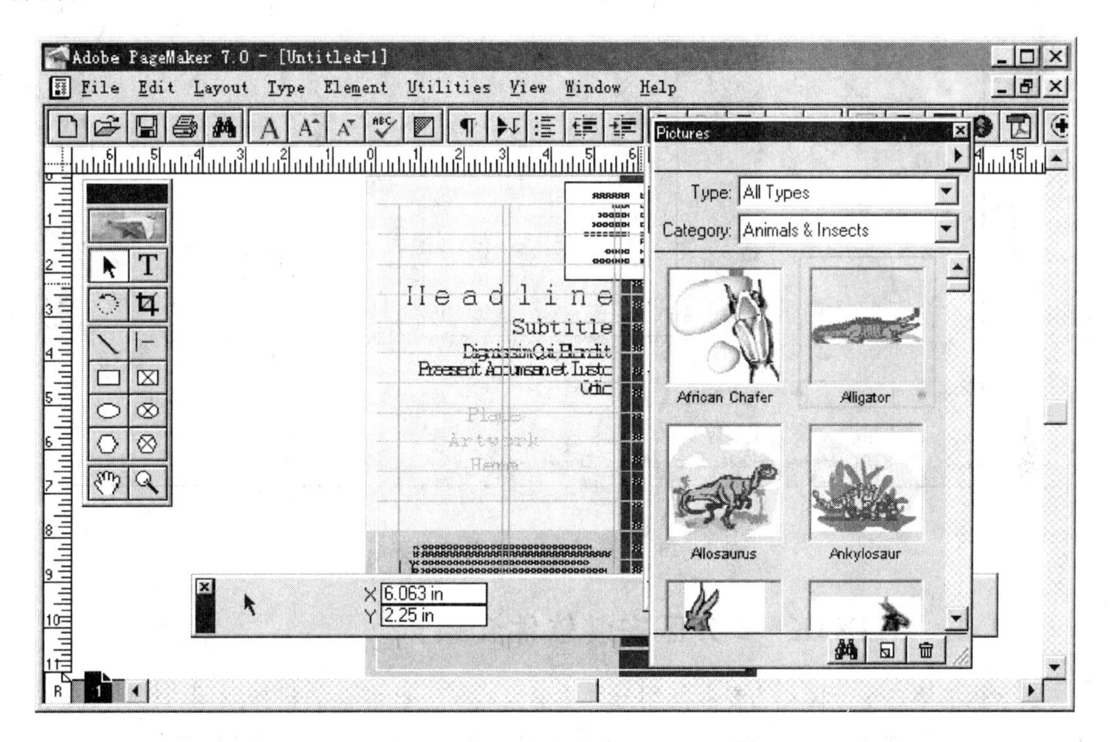

图 2－22　Adobe PageMaker 软件应用界面

9. CorelDRAW

CorelDRAW 是一个功能强大的图形处理软件,其功能可以和 Photoshop 相媲美。CorelDRAW 通过引入智慧工具使快速创作的进程变得更加容易。这种新的工具,节约了时间,增强并改进了 CorelDRAW 的文件兼容性,保证了截止时间的到来。

在图 2-13 中单击 Adobe Illustrator10 图标,系统立即显示如图 2-23 所示的 CorelDRAW 软件应用界面。

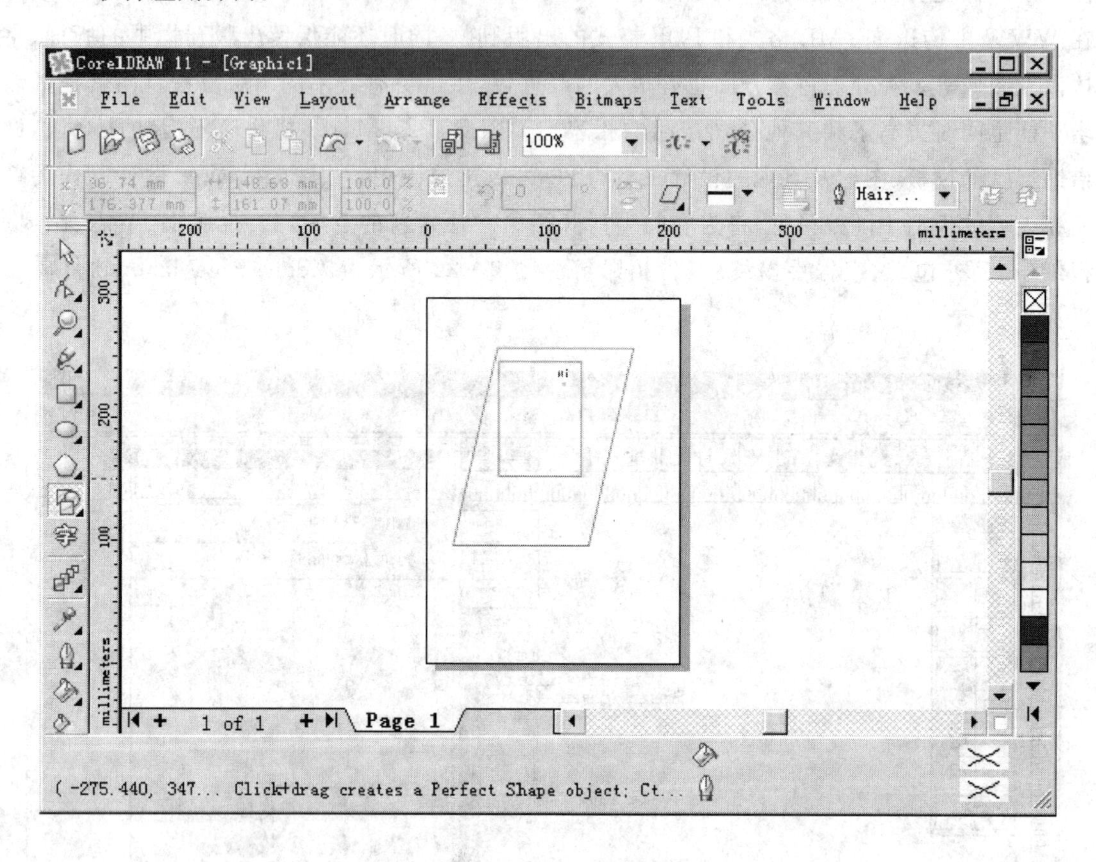

图 2-23 CorelDRAW 软件应用界面

2.2.2 WIN2K-2 分区安装软件介绍

机房内的第二个分区作为专业使用分区主要安装了一些专业的机械制图、计算机辅助设计以及图形图像制作软件,用户只要在开机选择界面选中“WIN2K-2”图标,回车执行后系统即可进入如图 2-24 分区所示分区界面。

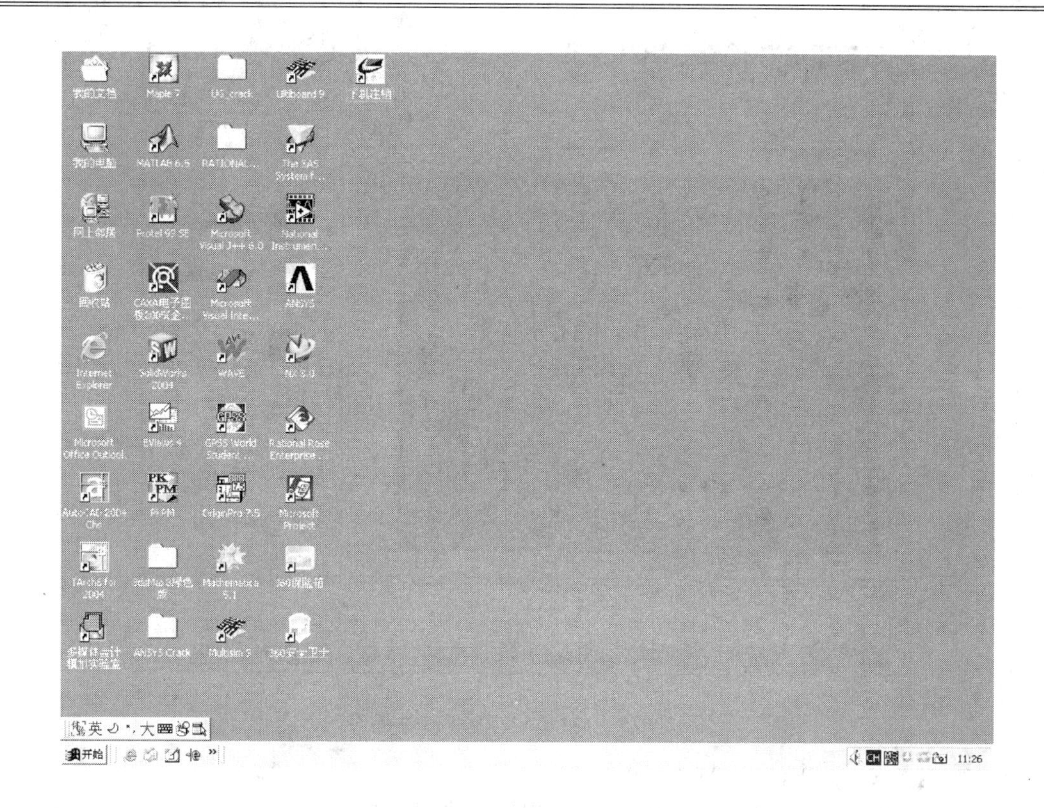

图 2－24　WIN2K－2 分区界面

作为专业使用分区内安装的软件有：AutoCAD2004、CAXA 电子图板 2005、Eviews、MATLAB、NX、OriginPro 和 3DMAX 等软件。

1. AutoCAD 2004

AutoCAD 2004 具有二维和三维绘图功能、编辑功能、绘图技巧、文本标注与尺寸标注、图层的设置与管理、图案填充、块与属性、外部参照与设计中心、制图国家标准、网络功能和计算机图形输出等新的功能。AutoCAD 2004 可以帮助用户更快地创建并设计数据，更轻松地共享设计数据，更有效地管理软件。AutoCAD 2004 增强功能能够更快、更有效地创建并设计数据。运用新工具提高生产力的新 AutoCAD 工具面板对于清理屏幕空间和提高生产力发挥了重要作用；运用 AutoCAD 应用程序所包含的高质量图形制作演示图纸，而无需额外的软件。

单击桌面的 AutoCAD 2004 图标，系统立即显示如图 2－25 所示的 AutoCAD 2004 软件应用界面。

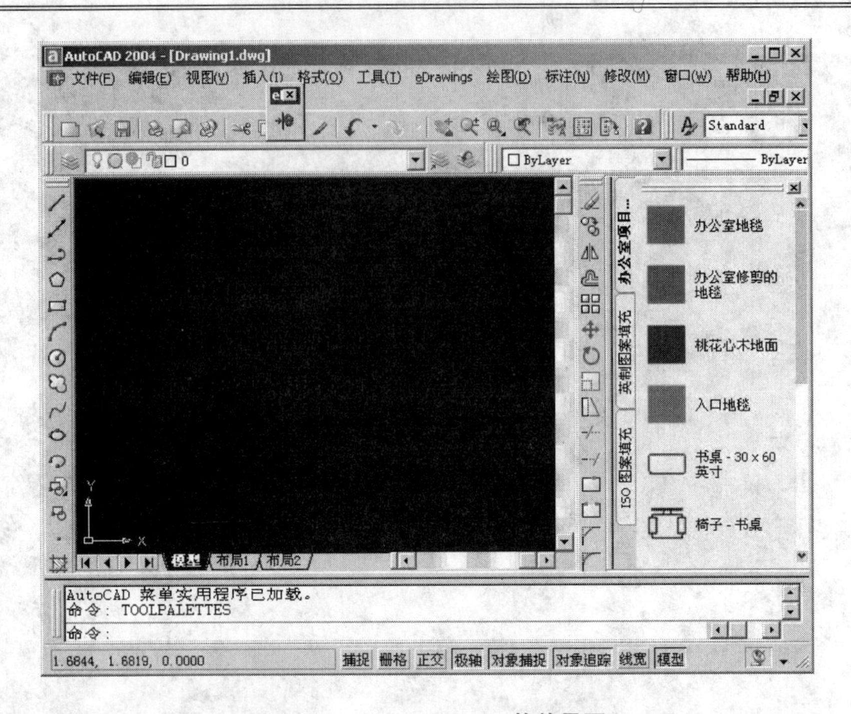

图 2-25 AutoCAD 2004 软件界面

2. CAXA 电子图板 2005

CAXA 电子图板是一套高效、方便、智能化的二维设计和绘图软件。该图板功能强大、易学实用,是设计工作中不可缺少的得力助手。CAXA 电子图板 2005 提供了强大的智能化图形绘制和编辑功能,可以绘制出各种复杂的工程图纸。依据《机械制图国家标准》,CAXA 电子图板 2005 提供了对工程图样进行尺寸标注、文字标注和工程符号标注的一整套方法。CAXA 电子图板提供了丰富的参量化图库,可以满足用户多方面的绘图要求。同时 CAXA 电子图板提供了丰富的数据接口,支持了目前市场上主流的 Windows 驱动打印机和绘图仪,而且在绘图输出时提供了拼图功能,可以批量打印 CAXA 电子图板绘制的图纸。

单击桌面的 CAXA 图标,系统立即显示如图 2-26 所示的 CAXA 电子图板软件应用界面。

3. Eviews

Eviews 软件是 QMS(quantitative micro software)公司开发的、基于 Windows 平台下的应用软件,其前身是 DOS 操作系统下的 TSP 软件。该软件是由经济学家开发,主要应用在经济学领域,可用于对回归的分析与预测(regression and forecasting),对时间序列(time series)以及横截面数据(cross-sectional data)的分析。与其他统计软件(如 EXCEL、SAS、SPSS)相比,Eviews 的功能优势是回归分析与预测。EViews 引入了流行的对象概念,操作灵活简便,可采用多种操作方式进行各种计量分析和统计分析,数据管理简单方便。

单击桌面的 Eviews 图标,系统立即显示如图 2-27 所示的 Eviews 软件界面。

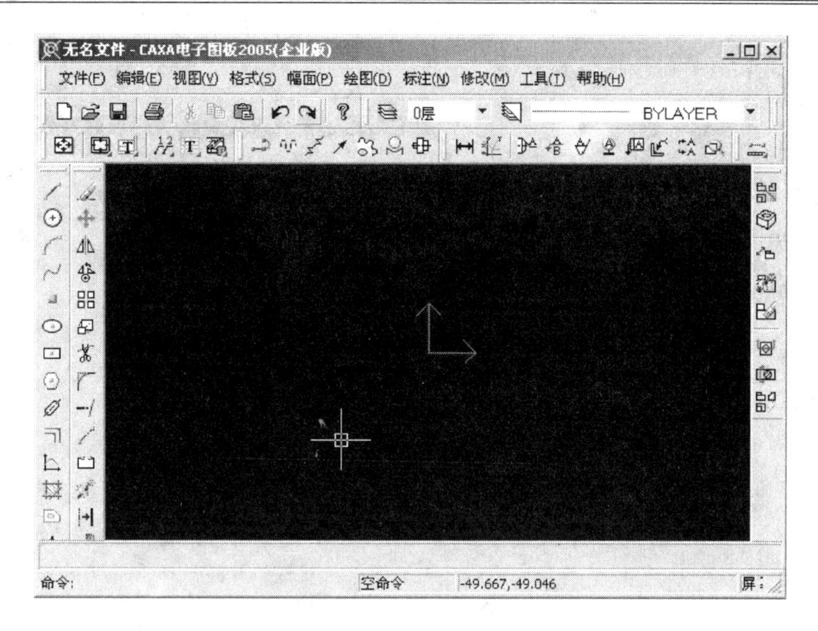

图 2－26 CAXA 电子图板软件应用界面

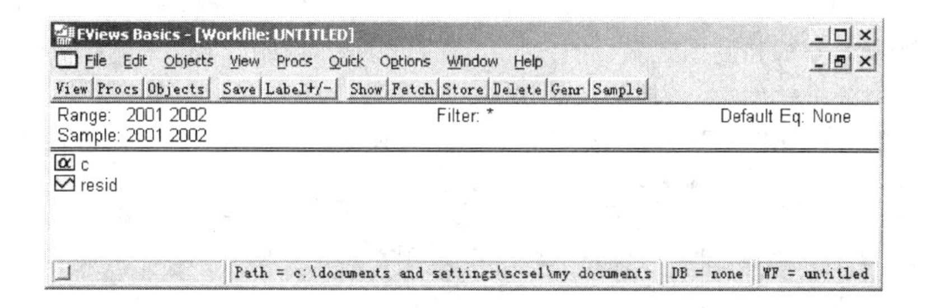

图 2－27 Eviews 软件界面

4. MATLAB

MATLAB 是一门计算机编程语言，取名来源于 Matrix Laboratory，其意是专门以矩阵的方式来处理计算机数据。MATLAB 把数值计算和可视化环境集成到一起，非常直观；而且提供了大量的函数，使其越来越受到人们的喜爱；工具箱越来越多，应用范围也越来越广泛。MATLAB 是一种科学计算工程软件，凭借在科学计算数据分析处理的强大功能，目前已经成为了数学界首选的科学工程软件之一。MathWorks 公司励精图治，通过多年的努力，集中全球各行各业的专业人士，在 MATLAB 的基本功能之上，开发了针对控制系统的应用、信号处理、图形处理、通信、金融财经等专业的专业工具箱组合。目前，MATLAB 产品已经被广泛应用于航空、航天、汽车、通信等行业，逐步成为工程应用的最佳软件之一。

单击桌面的 MATLAB 图标，系统立即显示如图 2－28 所示的 MATLAB 软件界面。

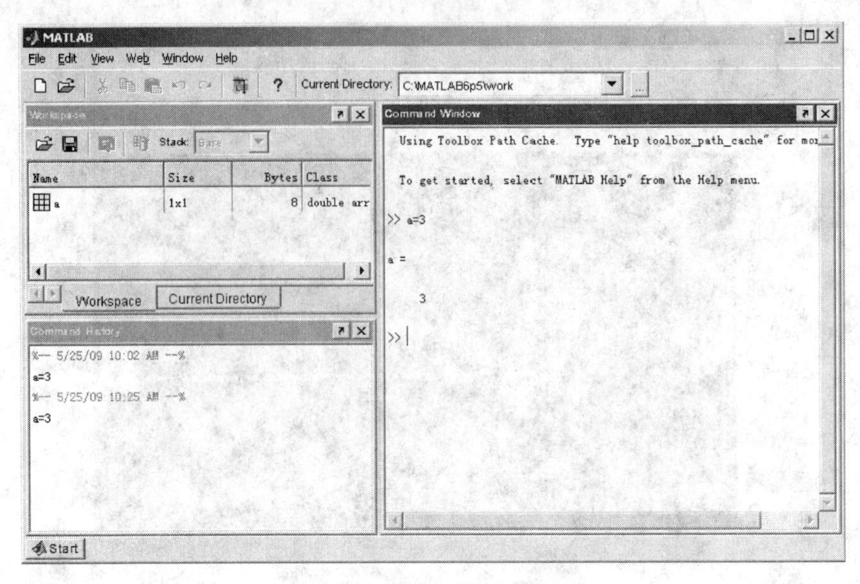

图 2-28 MATLAB 软件界面

5. OriginPro

OriginPro 是美国 OriginLab 公司开发的图形可视化和数据分析软件，是科研人员和工程师常用的高级数据分析和制图工具。自 1991 年问世以来，由于其操作简便，功能开放，很快就成为国际流行的分析软件之一，是公认的快速、灵活、易学的工程制图软件。

单击桌面的 OriginPro 图标，系统则立即显示如图 2-29 所示的 OriginPro 软件界面。

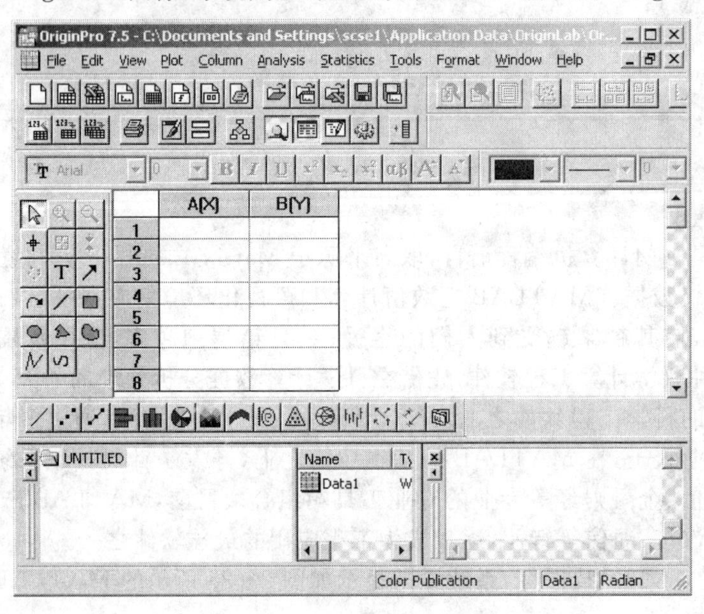

图 2-29 OriginPro 软件界面

6. 3DMAX

3DMAX 软件是 Autodesk 的子公司 Discreet 公司发布的享有盛誉的三维建模、动画、渲染软件。新版本的 3ds max 将满足游戏开发、角色动画、电影电视视觉效果和设计行业方面日新月异的制作需求,专为流畅的角色动画和新一代的三维工作流程而设计。3ds max 还有许多新开发的功能,使动画制作更为方便和快捷。

单击桌面的 3DMAX 图标,系统立即执行显示如图 2-30 所示 3DMAX 软件界面。

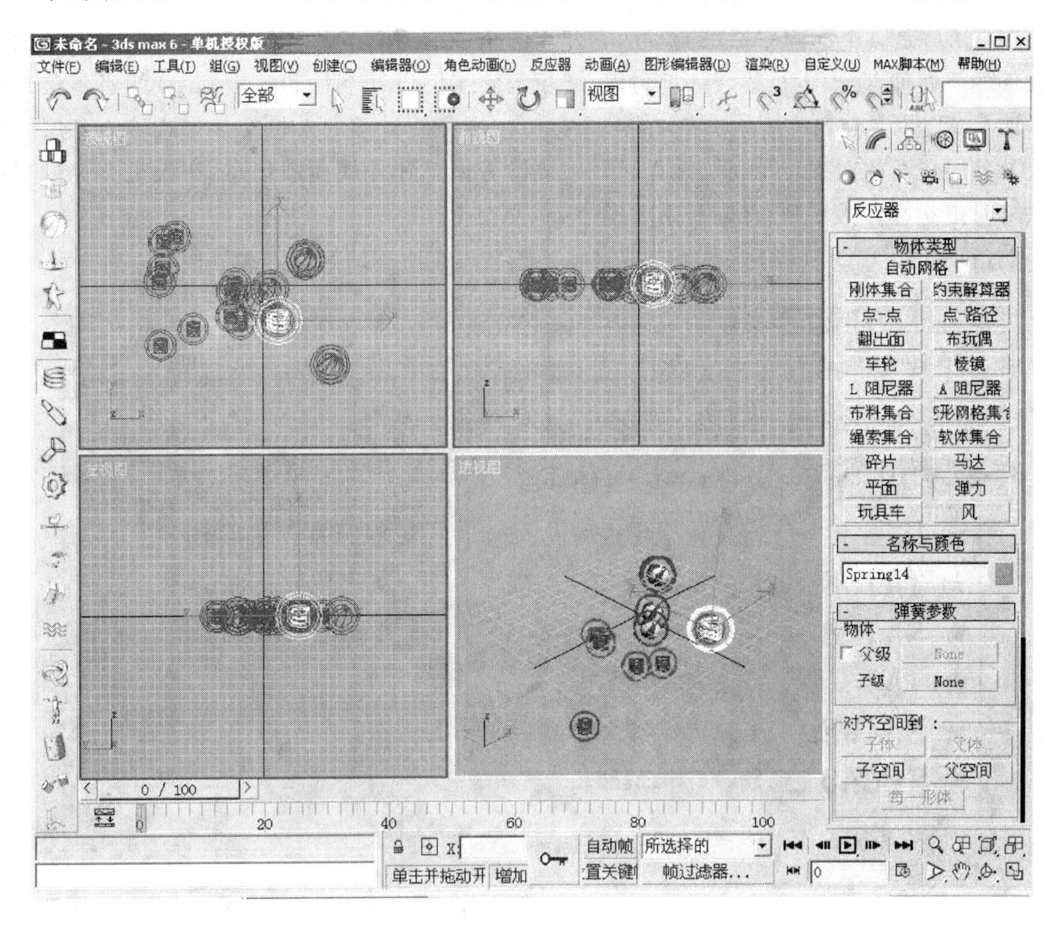

图 2-30　3DMAX 软件界面

7. PKPM

PKPM 是中国建筑科学研究院开发的综合软件,包括建筑、节能、结构、钢结构等,大多数用于结构电算。

(1) 钢筋砼框架、框排架、连续梁结构计算与施工图绘制软件(PK)

PK 模块具有二维结构计算和钢筋混凝土梁柱施工图绘制两大功能。可处理梁柱正交或斜交，梁错层，抽梁抽柱，底层柱不等高和铰接屋面梁等各种情况；可在任意位置设置挑梁、牛腿和次梁；可绘制10余种截面形式的梁；可绘制折梁、加腋梁、变截面梁，矩型、工字梁，圆形柱或排架柱、柱箍筋形式等。按新规范要求做强柱弱梁、强剪弱弯、节点核心、柱轴压比，柱体积配箍率的计算与验算，还进行罕遇地震下薄弱层的弹塑性位移计算，竖向地震力计算、框架梁裂缝宽度计算和梁挠度计算。

(2) 结构平面计算机辅助设计软件（PMCAD）

PMCAD是整个结构CAD的核心，它建立的全楼结构模型是PKPM各二维、三维结构计算软件的前处理部分，也是梁、柱、剪力墙、楼板等施工图设计软件和基础CAD的必备接口软件。PMCAD也是建筑CAD与结构的必要接口。用简便易学的人机交互方式输入各层平面布置及各层楼面的次梁、预制板、洞口、错层、挑檐等信息和外加荷载信息，在人机交互过程中提供随时中断、修改、复制、查询和继续操作等功能。

单击桌面的PKPM图标，系统立即显示如图2-31所示的软件选择界面。

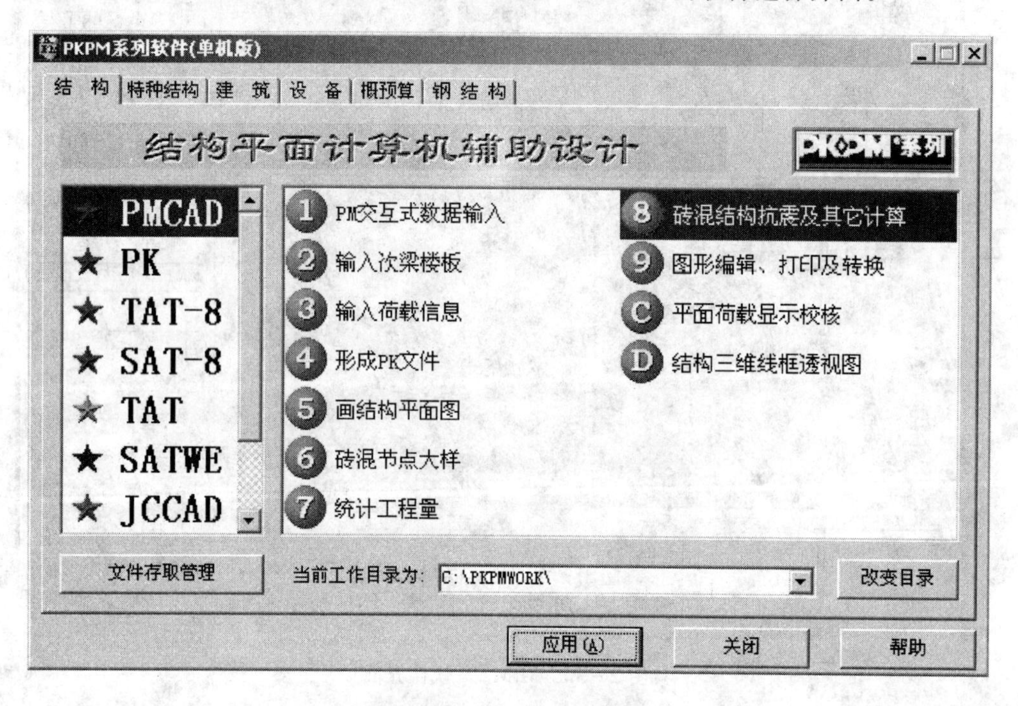

图2-31 PKPM选择界面

8. SAS统计分析软件

SAS(statistical analysis system)是由美国North Carolina州立大学于1966年开发的统计分析软件。1976年SAS软件研究所(SAS INSTITUTE INC。)成立，开始进行SAS系统的

维护、开发、销售和培训工作。期间经历了许多版本，并经过多年来的完善和发展，SAS 系统在国际上已被誉为统计分析的标准软件，在各个领域得到广泛应用。

SAS 是一个模块化、集成化的大型应用软件系统。它由数十个专用模块构成，功能包括数据访问、数据储存及管理、应用开发、图形处理、数据分析、报告编制、运筹学方法、计量经济学与预测等。SAS 系统基本上可以分为四大部分：SAS 数据库部分；SAS 分析核心；SAS 开发呈现工具；SAS 对分布处理模式的支持及其数据仓库设计。SAS 系统主要完成以数据为中心的四大任务：数据访问；数据管理（SAS 的数据管理功能并不出色，却数据分析能力强大，所以常用微软的产品管理数据，再生成 SAS 数据格式。要注意与其他软件的配套使用）；数据呈现和数据分析。

单击桌面的 SAS 图标，系统立即显示如图 2－32 所示的软件界面。

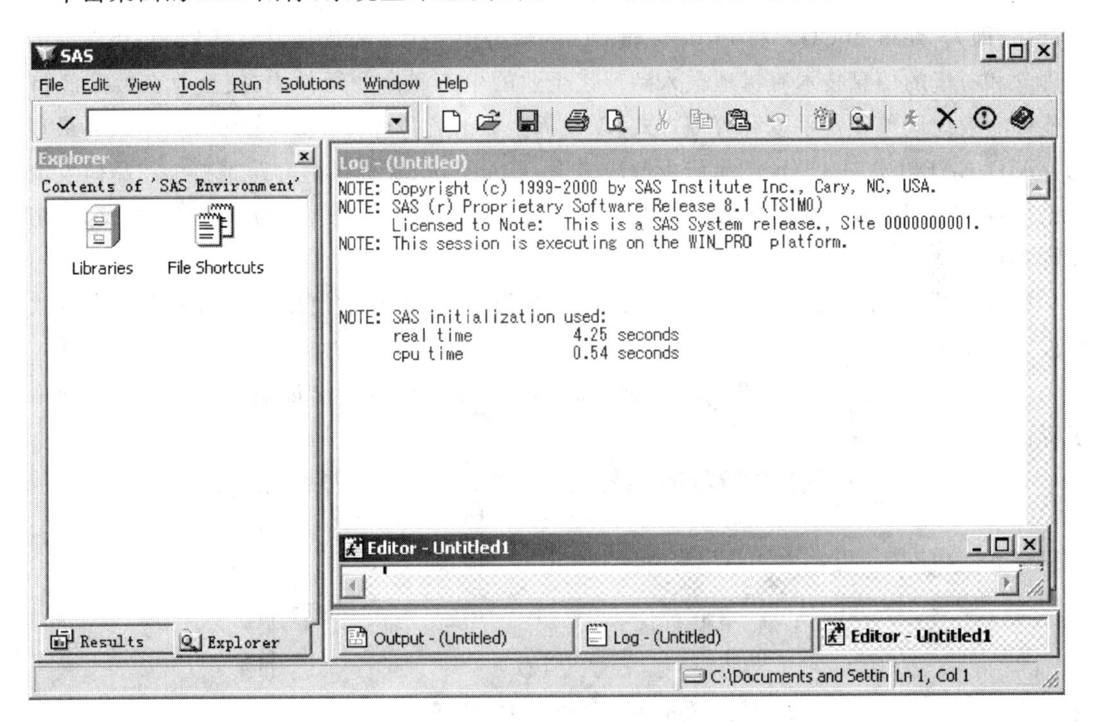

图 2－32　SAS 软件界面

2.2.3　考试专用分区 Winxp

机房内计算机的第三个分区 Winxp 作为专用分区只在考试时使用，所安装的软件基本和 WIN2K－1 分区内相同。在第三个分区安装了计算机基础应用软件等，可以根据需要在各类考试前在本分区里安装相关的考试环境以及考试系统软件，并结合硬盘保护卡系统的使用可在考试时打开保护将本分区设为开放使用状态，以便于考生对考试系统的操作。

根据不同的教学实验任务及学生上机的要求不同，机房管理员可根据需要更改各分区的软件内容，同时可更改硬盘保护卡的设置，以重新分配系统分区及安装系统和应用软件。

2.3 软件安装实例

随着计算机技术的发展，各专业实验教学中需要的软件种类很多。有些软件安装完后，还需要进行单独设置，才能正常使用。Unigraphics NX 软件方法如下所述。

Unigraphics NX 软件的安装

Unigraphics NX 软件体现了 EDS PLM Solutions 在 CAD/CAM/CAE 领域中的两个拳头产品，即 I-deas 和 UG。将 I-deas 和 UG 的融合产生全生命周期管理(PLM)，将先前的管理理念和一流的信息技术有机地融入到现代企业的生产和商业运作中，使企业在数字经济时代能够有效地调整经营手段和管理方式，以发挥企业的竞争优势。Unigraphics 是世界最顶级的 CAID/CAD/CAM/CAE 产品研发解决方案，Unigraphics 提供整套跨越整个产品研发流程并给出各种不同规模的企业团体。因此，它被广泛地应用于航空航天、汽车、机械、模具、工业设计等行业。

Unigraphics 软件安装完后，还需要进行单独设置，才能正常使用。下面就逐步进行软件的设置和安装。

(1) 右击“我的电脑”，打开“属性”对话框，单击“网络标识”，出现如图 2-33 所示网络标识界面。

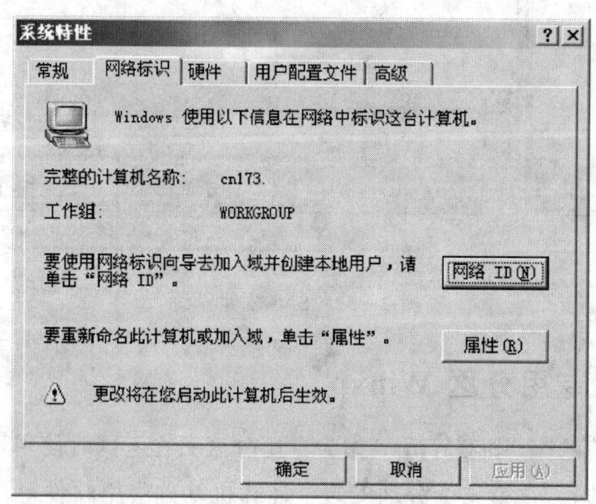

图 2-33 网络标识

记住用户的计算机名称，假设为 cn173，再单击“高级”对话框，出现如图 2-34 所示界面。

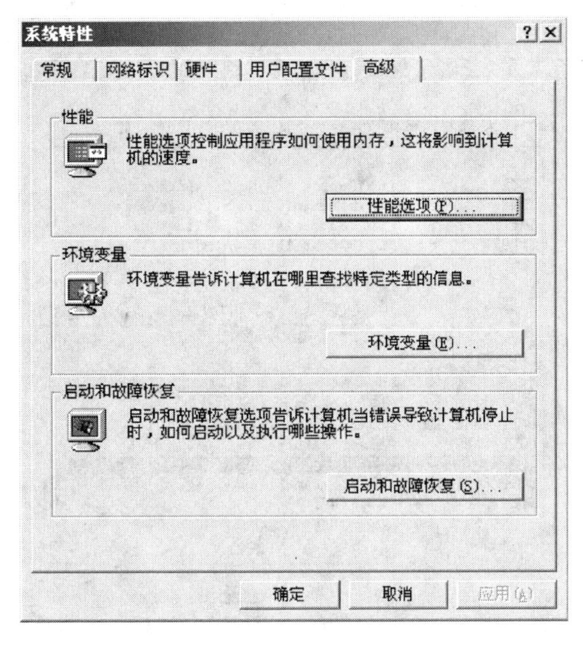

图 2-34　“高级”对话框

单击“环境变量”对话框，出现如图 2-35 所示界面。

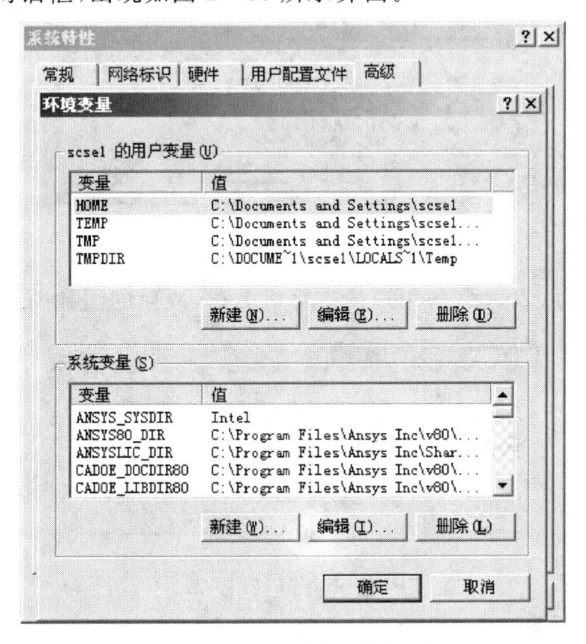

图 2-35　“环境变量”对话框

在系统变量中找到如图 2-36 所示的蓝色条框，单击“编辑”按钮，出现如图 2-37 所示编辑界面。

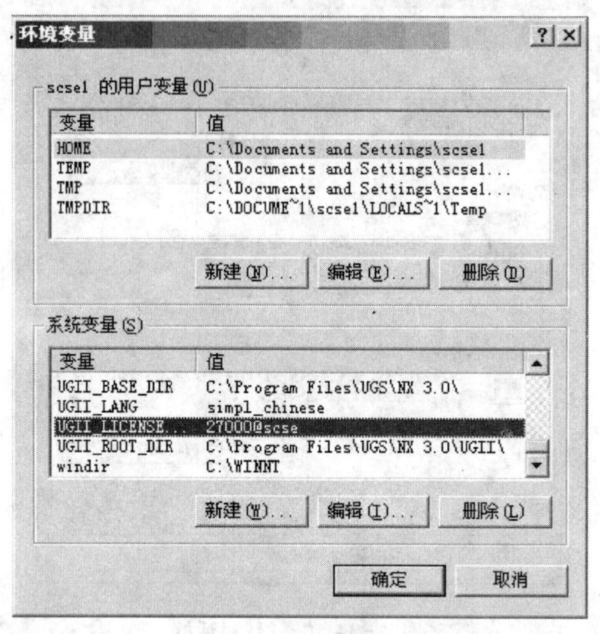

图 2-36 蓝色条框

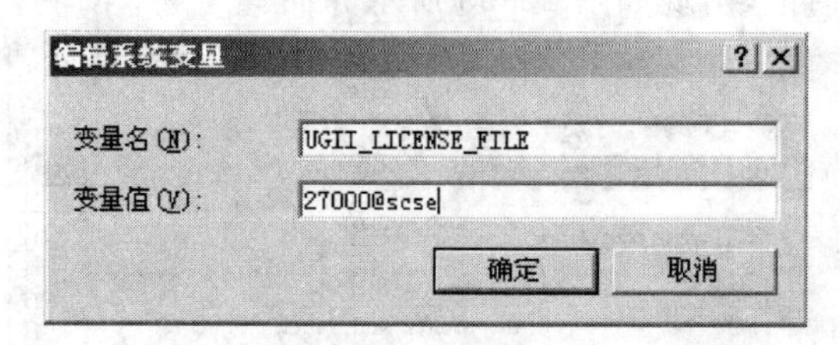

图 2-37 编辑界面

修改变量值，即改为 27000@+用户的计算机名称，改后的图如图 2-38 所示。

图 2-38 计算机名称

注意：cn173 为“网络标识”中的计算机名称。单击“确定”按钮，完成此操作。

(2) 双击“我的电脑”，在 C 盘中找到 Program Files，单击 Program Files，再单击左面的“显示文件”，单击 UGS → License Servers → UGNXFLEXlm → ugnx3. lic，以记事本格式打开 ugnx3. lic，出现如图 2 - 39 所示文件界面。

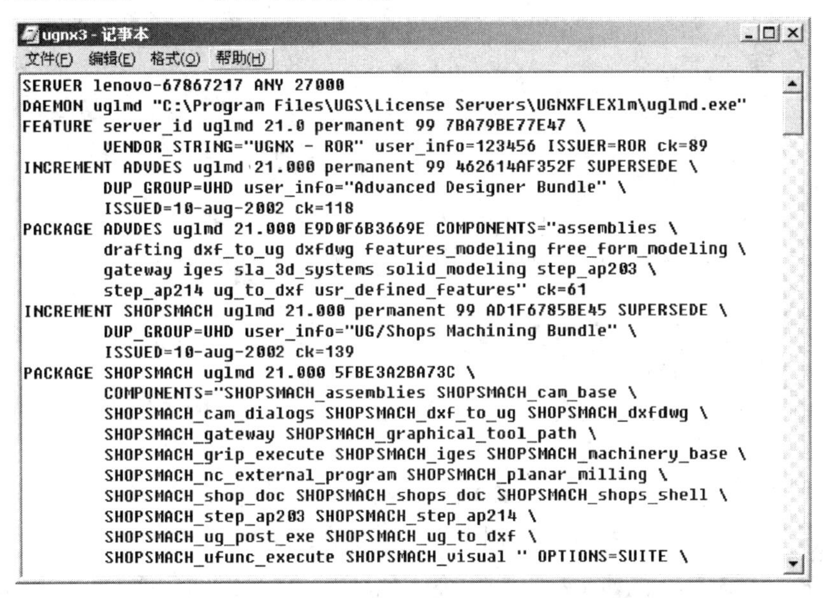

图 2 - 39　打开 ugnx3. lic 文件

把第一行的 lenovo - 67867217 修改为 cn173（即为用户的计算机名称），单击“文件”菜单栏，进行保存，关闭此对话框。接着单击 lmtools 文件夹，出现如图 2 - 40 所示窗口。

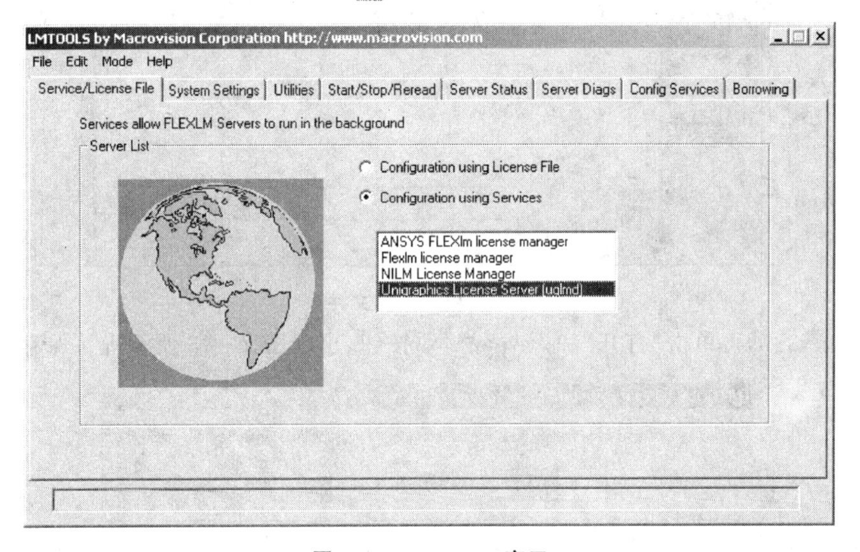

图 2 - 40　Lmtools 窗口

单击 Config Services ,出现如图 2-41 所示窗口。

LMTOOLS by Macrovision Corporation http://www.macrovision.com
File Edit Mode Help
Service/License File | System Settings | Utilities | Start/Stop/Reread | Server Status | Server Diags | Config Services | Borrowing
Configure Service
Save Service
Service Name Unigraphics License Server (uglmd)
Remove Service
Path to the lmgrd.exe file C:\Program Files\UGS\License Servers\UGNXF Browse
Path to the license file C:\Program Files\UGS\License Servers\UGNXF Browse
Path to the debug log file C:\Program Files\UGS\License Servers\UGNXF Browse View Log... Close Log
Start Server at Power Up
Use Services

图 2-41 系同窗口

单击右面第二个 Browse ,出现如图 2-42 所示查找文件。

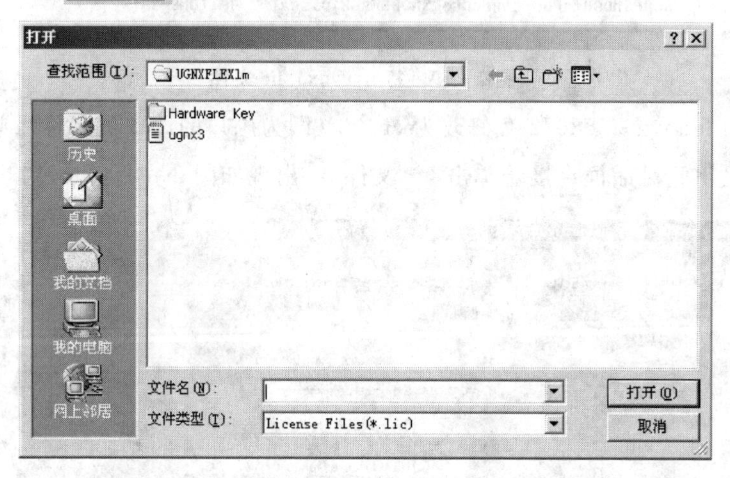

图 2-42 查找文件

单击 ugnx3.0,再单击“打开”和 Start/Stop/Reread 按钮,出现图 2-43 所示确认保存窗口。

图 2-43 确认保存

单击“是”按钮，出现图 2-44 所示的保存成功界面。

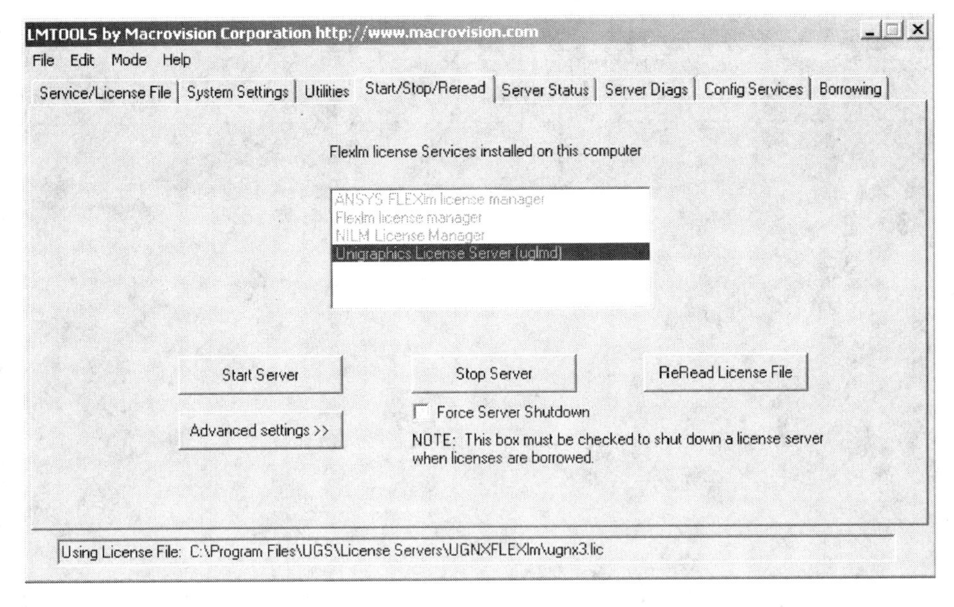

图 2-44　保存成功

然后先单击 Stop Server ，再单击 Start Server ，最后关闭此对话框。

(3) 双击桌面上的 ，先出现如图 2-45 所示的程序打开界面，接着再出现如图 2-46 所示的程序界面。

图 2-45　程序打开界面

至此该软件安装成功。

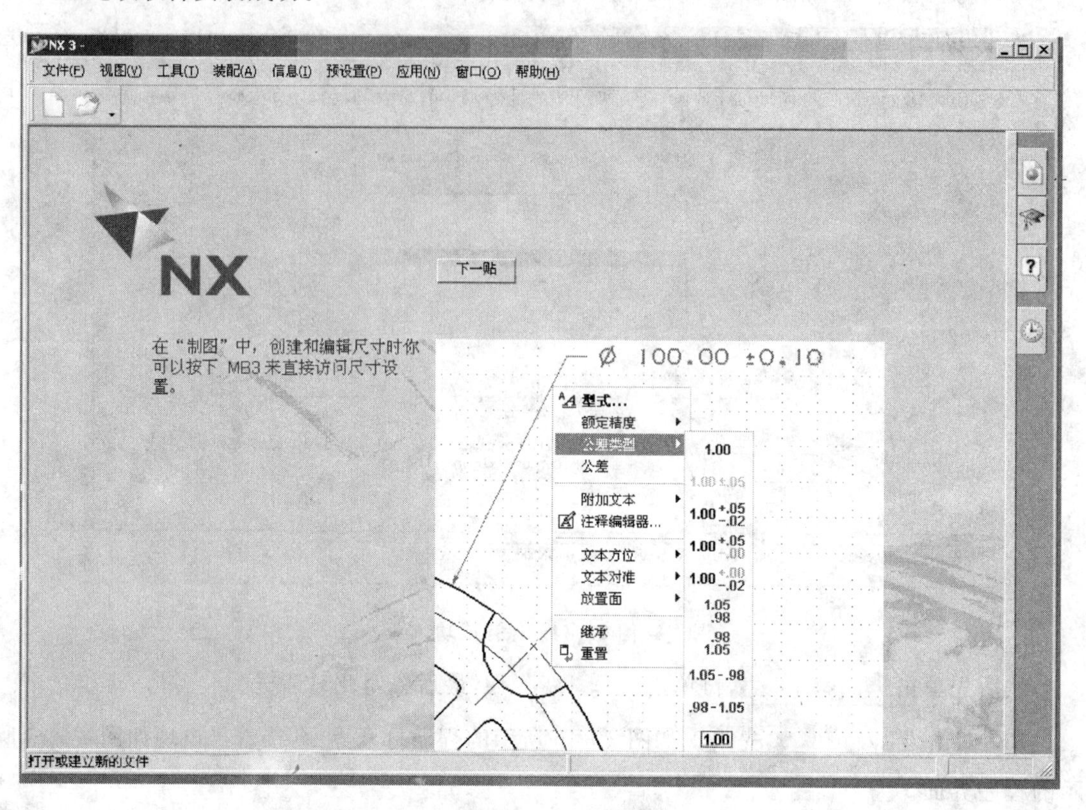

图 2-46 程序界面

第3章 校园网服务

随着网络技术的发展和网络产品价格的不断下调，众多高校都开始搭建网络平台，组建自己的校园网络。学校经过211工程的建设，分期组建完成了现代化的校园网络。校园网的组建已经将校园内的计算机、服务器和其他终端设备连接起来，实现校园内部数据的流通，校园网络与互联网络的信息交流，并且保证了局域网网络的安全，使办公和教学实现了网络化，提高了办公效率，完善了教学质量。在校园网的基础上，学校各部门实现了办公自动化，使得校内公文和各种通知的快捷便利流转；依托完善的机房设施，对于本科生教务信息的管理更加便捷，实现了学生网上选课；大型的服务器提供丰富的FTP内容和网络影音视频资源为大家共享，丰富了同学们的业余生活。本章将分别介绍本科生选课系统、计算中心FTP资源使用方法和注意的问题。

3.1 本科生选课系统

学分制是一种以学分为计量单位来衡量学生学业完成状况的教学管理制度。随着我国高等教育改革的逐步推进，越来越多的高等院校都采用学分制代替学年制。学分制赋予学生自由选课的灵活性，改变了整体单一的培养模式。自由选课可以使学生的素质、知识、能力得到全面发展；充分发挥因材施教的自我能动性，使学生的个性得到充分发展。自由选课使学生的知识结构差异性提高，从一定程度上提高了整体创造力的水平。

选课制是学分制的基础，开出足够数量和高质量的选修课程是学分制的显著特点之一。因此，进一步完善学分制，首先应完善选课制，我国各高校推行的学分制基本上是以选课制为前提的学分制。选课制于18世纪末首创于德国，随后在1779年，美国的第三任总统托马斯·杰弗逊首先把选课制引入了威廉和玛丽学院。也有人认为，真正现代意义上的学分制于1872年产生于美国哈佛大学，之后逐步推广完善。我国正式推行学分制是在1918年蔡元培在北京大学实行的“选科制”。改革开放30年以来，各高校的选课制已经得到了广泛的推广和完善。计算机中心充分利用现代网络带来的便利，依托高速完善的校园网络与先进的微机设备，承担着全校学生的选课工作，建立了合理的选课管理模式。本节将详细介绍选课流程以及学生在选课中容易出现的问题。

3.1.1　登录教务处主页

教务处负责维护学生在校期间的学籍和学科信息，管理学校的日常教学活动，保障教学活动的正常进行。网络选课系统本身是一个与教学计划、学籍管理及成绩管理密切相关的系统。每一学期，学生通过校园网络将自己本学期的拟选课程输入计算机，系统能根据学分制的选课规定对学生的选课进行现场审查，确保选课的合理性，实现对选课进程的有效监控。例如，系统能够审查学生所选课程的上课时间是否冲突及是否符合修课条件；能够快速统计学生所选课程的选课人数及选课名单；能够统计和输出学生个人课程表，实现对教学班人数的自动限制；能够保证学生的选课不被他人修改。选课作为教学工作中的一个重要环节，在教务处组织安排下统一进行。刷卡上机后进入 WIN2K－1 系统，打开 IE 浏览器，在地址栏输入 www.hebut.edu.cn，进入学校主页，出现如图 3－1 所示界面。

图 3－1　学校主页

在管理机构中单击教务处进入学校教务处网站，在这里可以查询和维护自己的学籍信息，也可以了解学校的教学规章制度，查看学校教务的各种通知，教务处网站主页如图 3－2 所示。

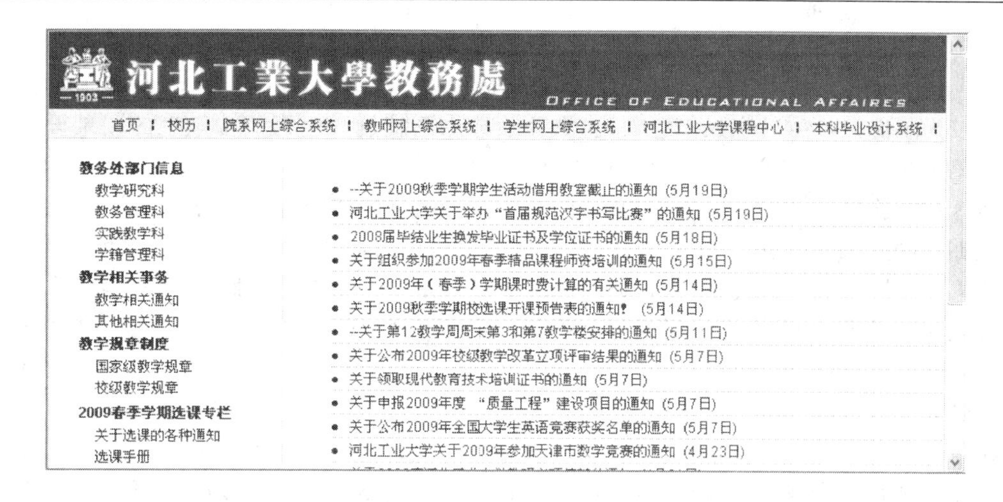

图 3-2　教务处网站主页

3.1.2　登录学生网上综合系统

选课是全校各年级学生同时进行的。为了防止网络的拥塞，教务处设置了"学生网上综合系统"和"学生网上综合系统 2"两个选课入口，均可以进入选课页面。单击"学生网上综合系统"进入本科生个人信息系统，登录界面如图 3-3 所示。选课过程中学生凭学号和密码登录，如果是第一次使用，可向学院教务管理人员查询个人密码，此密码由系统预先设定。然后输入你的学号和密码，身份确认无误后进入选课系统。如果系统的显示与个人的实际身份不同或密码不正确可及时与学院教务管理人员联系。进入系统后可以查看自己的学籍信息或修改密码，密码长度最大为 10 位，而且区分大小写。

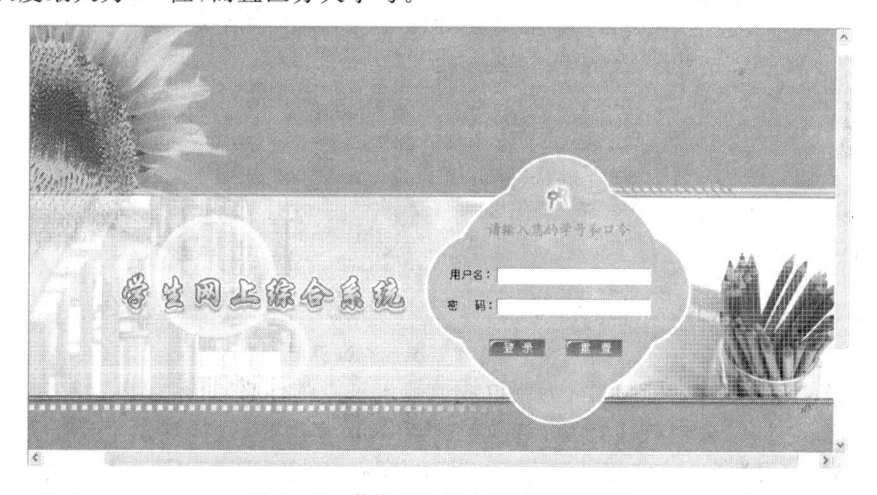

图 3-3　学生网上综合系统登录界面

3.1.3 密码安全与信息查询

学校为了保证学生的个人信息安全，在登录选课系统过程中为每位学生的登录设置了密码。密码由系统自动生成，与“个人信息查询”、“学生成绩查询”等密码一致。新生入学时教务处以班为单位将密码分发给同学们，登录使用选课系统，键入密码后，单击确认进入选课系统。同学们在初次登录系统后，一定要修改默认密码，以防个人信息的泄漏。

进入学生网上综合系统，学生可以对个人的基本学籍信息进行查询，也可以对于本学期可选课程及成绩进行查询，也可以对教师评价信息进行管理，单击“个人信息”、“选课”、“成绩查询”等信息框可以方便的实现这些操作。如果进行选课，可以查看教务处为每一学期的选课提供的校选课课表。

学校根据学生的兴趣及培养目标，为同学们开设了百余种选修课。在选课过程中，随时可以对该学期全校所开课程进行查询，单击本系统主界面左侧的“课程查询”，直接进入学生网上选课—本学期课程查询界面，如图 3－4 所示。每门课程都设置最大限选人数，如果选课学生数远远大于该课程的开课学生数，就要进行抽签，中签学生方可修此门课程。因此，同学们在选课时要注意查看选课表的课余量一栏，确定是否仍有剩余名额，并提高选课效率和准确性，避免时间和精力的浪费。

本学期课程表

课程号	课序号	课程名称	开课系	任课教师	上课地点	上课日期	上课节次	上课周次	本科生课容量	本科生课余量
S194	0	计算机使用与维护	计算机软件学院		7C-103	星期6	第1节	000000000011111111	90	90
Z883	0	管理心理学	机械学院		3-105	星期6	第1节	000000000011111111	2	1
E217	0	实用发明创造工程学	信息学院		3-102	星期6	第1节	000000000011111111	140	140
B193	0	实用心理学	文法学院		7D-102	星期6	第1节	000000000011111111	400	400
Z807	0	公关语言艺术	文法学院		3-312	星期6	第9节	000000000011111111	140	138
Z803	0	公共交际	文法学院		3-212	星期7	第1节	000000000011111111	140	140
Z886	0	唐宋诗词名家赏析	文法学院		7D-102	星期6	第3节	000000000011111111	400	400
Z864	0	人际关系社会心理学	文法学院		7D-102	星期7	第3节	000000000011111111	400	400
E2101	0	大学语文（全校选修）	文法学院		7B-105	星期7	第1节	000000000011111111	205	205
Z802	0	秘书原理与实务	文法学院		3-201	星期6	第1节	000000000011111111	140	140
Z865	0	犹太文化概论	文法学院		4-102	星期7	第5节	000000000011111111	205	205
Z816	0	现代应用心理学	文法学院		3-101	星期6	第1节	000000000011111111	140	140
Z824	0	口才学	文法学院		7C-104	星期6	第1节	000000000011111111	205	205
Z887	0	现代科技概论	文法学院		3-201	星期7	第1节	000000000011111111	140	140
Z823	0	婚姻家庭法	文法学院		3-201	星期6	第1节	000000000011111111	140	140

完成

图 3－4 本学期课程查询界面

学校根据各专业学生培养方案，为每位同学限定了本学期必修课科目，这部分课程约占总学分的 70％。另外，结合当前社会发展趋势和学生的切实需要，以提高学生素质为目的，丰富现有课程体系，扩大学生的知识面，开设了校管选修课。在选课时，同学们应仔细阅读选课手册，并严格遵守以下规则：

（1）对于在同一学期内开设的不同类别的课程，首先必须保证必修课，然后再考虑选修课，因此校管选修课的上课时间统一安排在晚上或双休日。

（2）对于有选课限制的课程，应满足选课条件。

（3）有严格先行后续关系即上下承接关系的课程，应先选先行课程，且每位学生每学期只能选修一门校管选修课。

本科生的选课一般分三个阶段：预选、正选和补退选阶段。学期末安排下学期的课程选定工作，学生一定要在学校教务管理部门规定的时间，到校计算机房进行有效的选课，同时确保选课成功有效，因为这直接影响到本学期所修的学分和选课结构。

3.1.4 课程的选定与删除

在正选与预选阶段，可以对自己下学期想要修读的课程进行选择，但是要注意的是，在选课期间，对于选课操作规程了解透彻。单击选课系统主界面左边的“选定课程”，就可以在主界面右边提供的各类课程框中选取课程。根据本专业培养计划开设课程和自己的兴趣爱好，在必修课、限选课、系内任选课中选择需要选修的课程，如需一次选择多门课程，可以配合[CTRL]、[SHIFT]使用。因本次选课仅校管选修课及部分专业选修课可选，故本次选课中该项数据为空白，不需同学选择。对于校管选修课，应在其他课程课号、课序号框内输入正确的课程号、课序号。确认所输入的课程号和课程序号后，需单击“提交”按钮完成选课操作。单击“重置”则取消刚才选定的课程。

在各个阶段，同学均可以对于选错的课程进行修改，单击“是否删除”来删除不想选或选错的课程，提交后即生效。因此，该课程将不再选课界面中显示。特别要注意的是，不要将已定制的课程删除，否则不能参加该门课程的学习，只删除选错的课程，如图3-5所示。

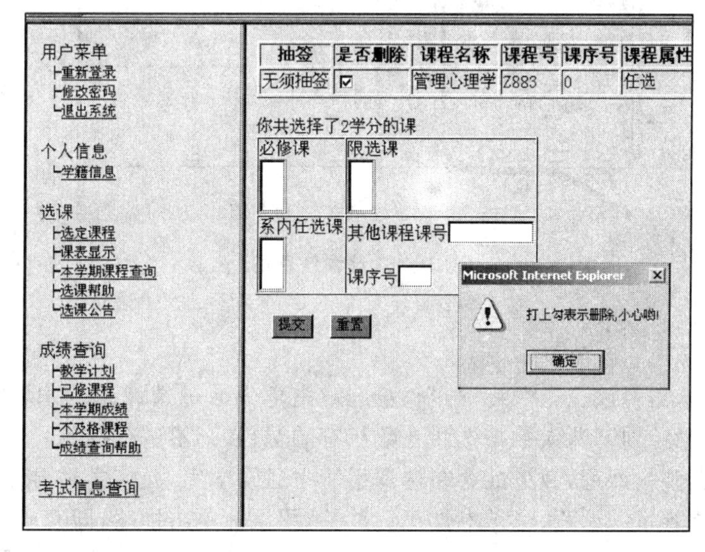

图3-5 删除课程过程

为方便其他同学选课,结束后应退出选课系统,单击“退出”按钮,或选择离线按钮,即选择本系统主界面左边的“离线”。如果其他同学继续使用,单击“重新登录”更换用户名和密码后重新登录本科生选课系统。

3.1.5 预选阶段

学生必须在学校统一规定的预选时间到学校机房登录“选课系统”,依据学期开设课程信息和个人的选课计划,选择确定想要修读的课程。预选阶段结束,教务处将汇总预选结果,根据结果对于各门课程选课人数进行合理调配,确定正式上课课表,公布每门课的上课人数,对于选课人数大于课容量的课程,确定需抽签的课程。每位学生限选一门课程,但为保证选课成功率,预选阶段可以多选几门课程,防止选不上课的现象发生。每学期的预选课程阶段学生一定要参加,以保证在正选阶段的优先选课的特权,避免选课失败。以下是选课信息框,如图 3-6所示。

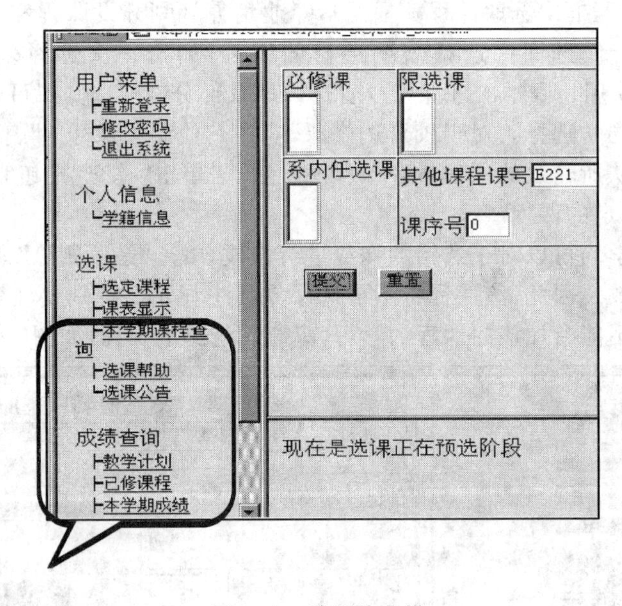

图 3-6 选课信息栏

3.1.6 正选阶段

已预选的课程,需经过正选最终确定。正选时由学生通过选课系统采取“抽签”方式确认是否选中,对于教学计划开课人数与选课人数相符的课程,则不进行抽签。对于因选课人数小于开课班容量而调整的课程,教务处会在选课手册中通知学生,允许学生再次选择确认。对于选课人数超过课堂容量的课程,必须参加正选抽签,用鼠标单击抽签,即完成抽签操作,否则为自动放弃。学生在正选阶段选中的课程为正式课程,一旦选择完成,便确定了这学期所学的课程。正选阶段抽签界面如图3-7所示。

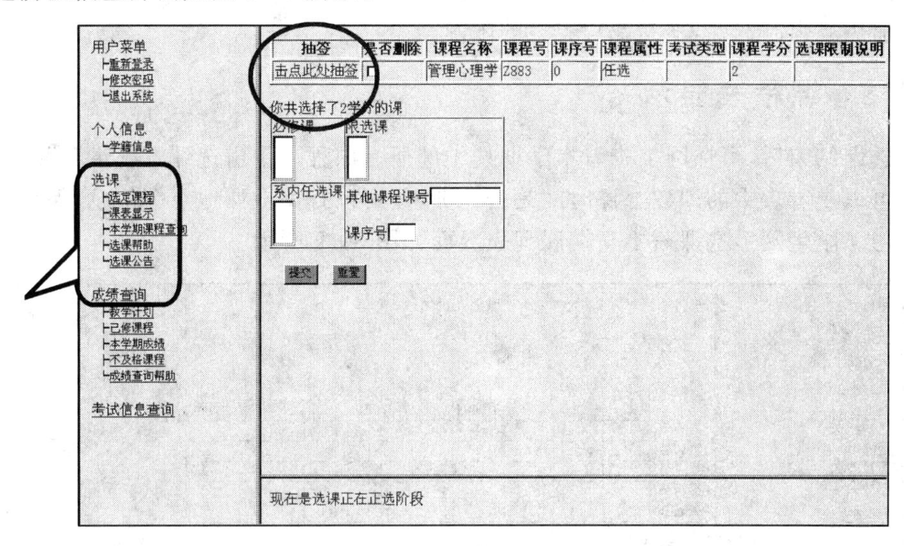

图3-7 抽签选课界面

对于在预选阶段选课人数小于课容量的课程,预选该门课程的学生在正选阶段无须抽签,如图3-8所示。

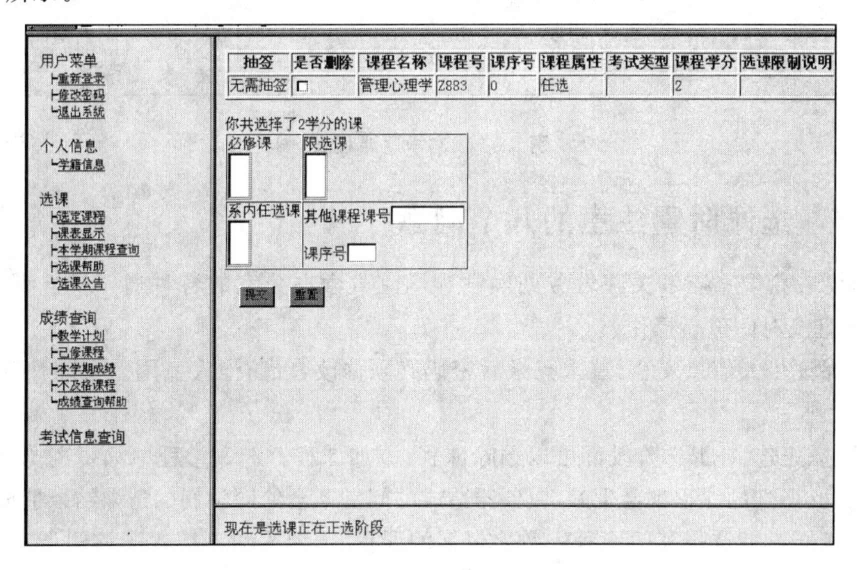

图3-8 正选阶段选课

3.1.7 补退选阶段

预选和正选阶段结束后,对已经选中的课程可以进行删除和增选操作,不受预选限制,但受课容量限制，学生直接到注册中心进行操作即可。补修学分的同学如果未能选上补修课程可以到注册中心强制选课，不受课程容量的限制。

3.1.8 课程表显示

学生选课结束后，可在网上查看本学期选中的所有课程。单击选课系统主界面左面的“课表显示”，可以查看表中的课程上课时间是否冲突，还可以查询上课地点等信息，保证完成所选课程的学习。学生网上选课—本学期课程表界面如图 3－9 所示。

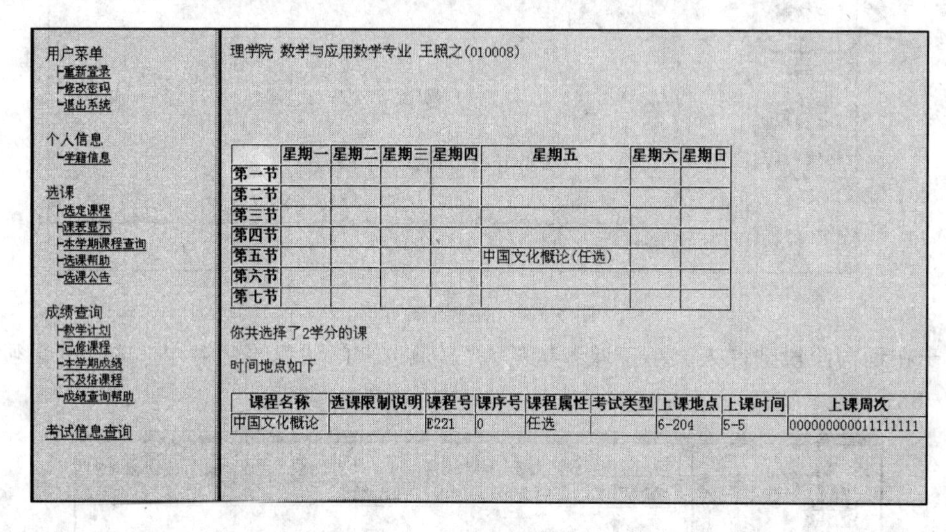

图 3－9 本学期课程表

3.1.9 选课时需注意的几个问题

(1) 选课一定要查看和关注教务处网站和学院教学办公室的各种通知及选课手册，并根据提示的信息及时间进行操作。

(2) 为保证个人信息安全，首次登录后密码必须修改，以防他人盗用。密码长度最大为 10 位，且区分大小写。

(3) 预选、正选、补退选阶段都可以删除课程、添加课程。选课过程中只要浏览器界面显示选课提交成功，所选的课程都会生效，服务器造成的问题不会给同学们的选课结果造成影响。

(4) 对于同学们选择某门课程人数比较多的课程，上课人数不能大于该门课程的课容量，抽不上签又想上这门课，就只能等抽到了签的同学退课或者下学期再选该课程。

(5) 由于服务器的原因，无法正常退出选课系统，都关闭所有的浏览器窗口同样有效，不会被他人盗用。

(6) 如果不能进入系统，应去注册中心查证自己的信息，同学们可在多个地址间进行选课,同样有效。

3.2 丰富的 FTP 资源

3.2.1 FTP 简介

FTP(file transfer protocol)是文件传输协议的简称,FTP 用于 Internet 上控制文件的双向传输。FTP 是 TCP/IP 协议组中的协议之一,是 Internet 文件传送的基础,它由一系列规格说明文档组成,目标是提高文件的共享性,提供非直接使用远程计算机,使存储介质对用户透明和可靠高效地传送数据。同时,它也是一个应用程序(application)。用户可以通过它把自己的 PC 机与世界各地所有运行 FTP 协议的服务器相连,访问服务器上的大量程序和信息。

FTP 的主要作用,就是让用户连接上一个远程计算机(这些计算机上运行着 FTP 服务器程序),查看远程计算机有哪些文件,然后把文件从远程计算机上复制到本地计算机,或把本地计算机的文件送到远程计算机中去。同大多数 Internet 服务一样,FTP 也是一个客户/服务器系统。用户通过一个客户机程序连接至在远程计算机上运行的服务器程序。依照 FTP 协议提供服务,进行文件传送的计算机就是 FTP 服务器;而连接 FTP 服务器,遵循 FTP 协议与服务器传送文件的计算机就是 FTP 客户端。在 FTP 的使用当中,用户经常遇到两个概念:"下载"(download)和"上载"(upload)。"下载"文件就是从远程主机复制文件至自己的计算机上;"上载"文件就是将文件从自己的计算机中复制至远程主机上。用 Internet 语言来说,用户可通过客户机程序向(从)远程主机上载(下载)文件。用户要连上 FTP 服务器,就要用到 FTP 的客户端软件,通常 Windows 自带"ftp"命令,这是一个命令行的 FTP 客户程序,另外常用的 FTP 客户程序还有 CuteFTP、Ws_FTP、Flashfxp、LeapFTP 和 FtpRush 等。

3.2.2 FTP 文件传送模式

正如 WWW 服务的实现依赖于 TCP/IP 协议组中的 HTTP 应用层协议一样,FTP 服务同样依赖于 TCP/IP 协议组应用层中的 FTP 协议来实现。FTP 的默认 TCP 端口号是 21,由于 FTP 可以同时使用两个 TCP 端口进行传送(一个用于数据传送,另一个用于指令信息传送),所以 FTP 可以实现更快的文件传输速度。FTP 客户程序有字符界面和图形界面两种。字符界面的 FTP 的命令复杂、繁多。图形界面的 FTP 客户程序,操作上要简洁方便的多。对于 FTP 服务的使用与其他 Internet 服务有所不同,用户如果想要从 FTP 服务器上获得或者上传文件,必须得到服务器的授权,也就是必须需要用户名和密码,获得登录权限后才能进行文件传输。标准 FTP 地址一般由以下几部分组成:

ftp://用户名:密码@FTP 服务器 IP 或域名:FTP 命令端口/路径/文件名

上面的参数除 FTP 服务器 IP 或域名为必要项外,其他项都不是必需的。如以下地址都是有效 FTP 地址：

ftp://202.113.125.3

ftp://movie2.hebut.edu.cn

ftp://movie:movie@movie2.hebut.edu.cn:2009

ftp:// movie:movie @movie2.hebut.edu.cn:2009/c:/love.txt

登录 FTP 服务器需要 ID 和口令，这一特点违背了 Internet 的开放性。Internet 上的 FTP 主机何止千万，不可能要求每个用户在每一台主机上都拥有账号，匿名 FTP 就是为解决这个问题而产生的。互联网中有很多“匿名”(Anonymous)FTP 服务器，这类服务器的目的是向公众提供文件复制服务，不要求用户事先在该服务器进行登记注册，也不用取得 FTP 服务器的授权。匿名 FTP 是这样一种机制，用户可通过它连接到远程主机上，并从其下载文件，而无须成为其注册用户。系统管理员建立了一个特殊的用户 ID，名为 anonymous，Internet 上的任何人在任何地方都可使用该用户 ID。

通过 FTP 程序连接匿名 FTP 主机的方式同连接普通 FTP 主机的方式差不多，只是在要求提供用户标识 ID 时必须输入 anonymous，该用户标识 ID 的口令可以是任意的字符串。当远程主机提供匿名 FTP 服务时，会指定某些目录向公众开放，允许匿名存取，而系统中的其余目录则处于隐匿状态。作为一种安全措施，大多数匿名 FTP 主机都允许用户从其下载文件，而不允许用户向其上载文件。也就是说，用户可将匿名 FTP 主机上的所有文件全部复制到自己的机器上，但不能将自己机器上的任何一个文件复制至匿名 FTP 主机上。即使有些匿名 FTP 主机确实允许用户上载文件，用户也只能将文件上载至某一指定上载目录中。随后，系统管理员会去检查这些文件，并将这些文件移至另一个公共下载目录中，供其他用户下载。利用这种方式，远程主机的用户得到了保护，避免了有人上载有问题的文件，如带病毒的文件。虽然目前使用 WWW 环境已取代匿名 FTP 成为最主要的信息查询方式，但是匿名 FTP 仍是 Internet 上传输分发软件的一种基本方法，如 redhat、autodesk 等公司的匿名站点。

3.2.3 FTP 服务器之间的文件传送

在进行文件传送任务过程中，常常需要在两个服务器之间进行文件的交换，这就用到了文件交换协议 FXP，全称为 file exchange protocol。FXP 是一个服务器之间传输文件的协议，这个协议控制着两个支持 FXP 协议的服务器，在无需人工干预的情况下，自动地完成传输文件的操作。在客户机上，可以简单的发送一个传输命令，即可控制服务器从另一个 FTP 服务器上下载一个文件，所下载文件并不经过本地存储，故传送速度只与两个 FTP 服务器之间的网络速度有关，下载过程中，无需客户机干预，客户机甚至可以断网关机。FXP 本身其实就是 FTP 的一个子集，因为 FXP 方式实际上就是利用了 FTP 服务器的 Proxy 命令，不过它的前提条件是 FTP 服务器要支持 PASV，且支持 FXP 方式。这种协议通常只适用于管理员作为管理用途，在一般的公开 FTP 服务器上，是不会允许 FXP 的。因为这样会浪费服务器资源，而且有可能出现安全问题。

3.2.4 登录FTP服务器的方法

FTP服务器使用户在因特网上实现文件传输成为现实，即实现了因特网的首要目标——实现信息共享。Internet是一个非常复杂的计算机环境，有PC，有工作站，有MAC，还有大型机。而这些计算机可以运行不同的操作系统，有运行Unix的服务器，也有运行Dos、Windows的PC机和运行MacOS的苹果机等。为了解决各种操作系统之间的文件交流问题，可建立一个统一的文件传输协议FTP。基于不同的操作系统有不同的FTP应用程序，而所有这些应用程序都遵守同一种协议，用户可以把自己的文件传送给别人，或者从其他的用户环境中获得文件。为了保证在FTP服务器和用户计算机之间准确无误地传输文件，服务器和用户机必须分别安装FTP服务器软件和客户端软件。用户启动FTP客户软件之后，给出FTP服务器的地址，并根据提示输入注册名和口令，登录到FTP服务器上。

用户也可以使用Internet提供的一种称为"匿名文件传输服务"的文件传输服务，以用户名Anonymous登录，匿名进入使用特定FTP服务器上的服务。匿名FTP是Internet网上发布软件的常用方法，使用户有机会存取到世界上最大的信息库。这个信息库是日积月累起来的，并且还在不断增长，永不关闭，并涉及几乎所有主题。

FTP协议的优越性能，为各种官方和组织交流提供了一个平台。FTP服务器主要用于下载公共文件，例如共享软件及各公司技术支持文件等。依托校园网性能优越的网络设施以及自身高性能的服务器，可以建立完善的FTP服务器，既满足了教学过程中作业提交、课件共享等对文件的传输要求，又向全校师生提供了软件和各种影音资源交流的平台；在促进教学工作的同时，丰富了同学的生活。在FTP服务器上同时提供三类软件：共享软件、自由软件和试用软件。例如：

ftp://202.113.125.3　综合服务器　用户名：soft 无密码
ftp://202.113.125.4　软件服务器　用户名：soft 无密码
ftp://202.113.125.5　影视服务器　用户名：soft 无密码
ftp://202.113.125.68　电影服务器　匿名
ftp://202.113.125.70　电影、动漫　匿名
ftp://202.113.125.126　软件服务器　用户名：soft 无密码
http://202.113.116.116　音乐服务器

1. 直接登录FTP服务器地址

在Windows操作系统的安装过程中，通常都安装了TCP/IP协议软件，其中就包含FTP客户程序。启动FTP客户程序工作的途径是使用ie浏览器，用户只需在ie地址栏中输入如下格式的url地址：ftp://[用户名：口令@]ftp服务器域名[：端口号]，并单击地址栏右侧的转到按钮或直接按回车键，即可进入FTP站点，例如：ftp://soft@202.113.125.126 进入

FTP 网址后，窗口中显示所有最高一层的文件夹列表，如图 3-10 所示。

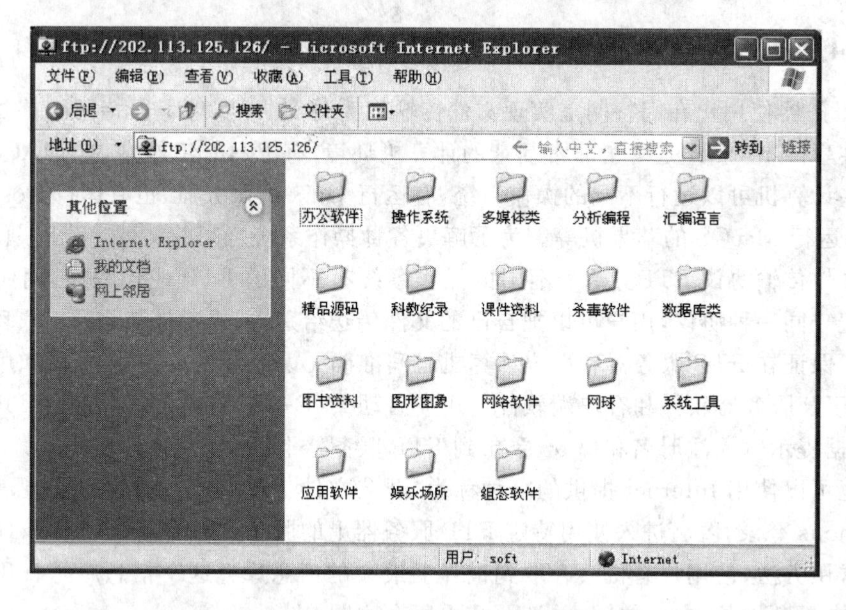

图 3-10　连接到 FTP 服务器

2. 通过 ID 和密码登录

用户可以用 FTP 地址全称登录，也可以先进入 FTP 站点，按照网站的要求，根据提示进入站点。在 IE 地址栏中输入 url:ftp:// ftp 服务器域名或 IP，例如：ftp://202.113.125.4，这时服务器会提示用户输入用户名和密码，如图 3-11 所示为 FTP 登录对话框。

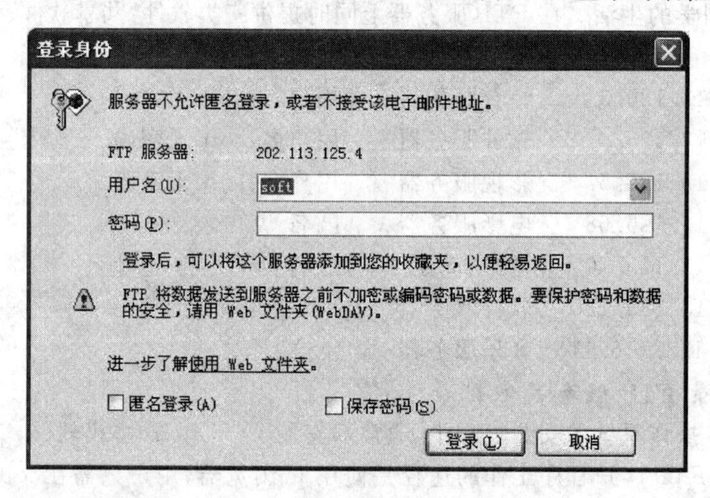

图 3-11　FTP 登录对话框

在服务器出现的登录界面中输入用户名和相应的密码,如 soft。如图 3-11 所示单击“登录”按钮,登录到 FTP 服务器站点。服务器的管理员对于不同的用户赋予了不同的权限,计算中心 FTP 目标之一是为全校师生提供良好的教学研究环境,这里的 soft 就具有完全下载文件的权限。此时,用户就可以使用。这时用户就可以下载自己需要的信息。计算中心软件服务器有教学软件、驱动程序、网页设计等各种软件,如图 3-12 所示。

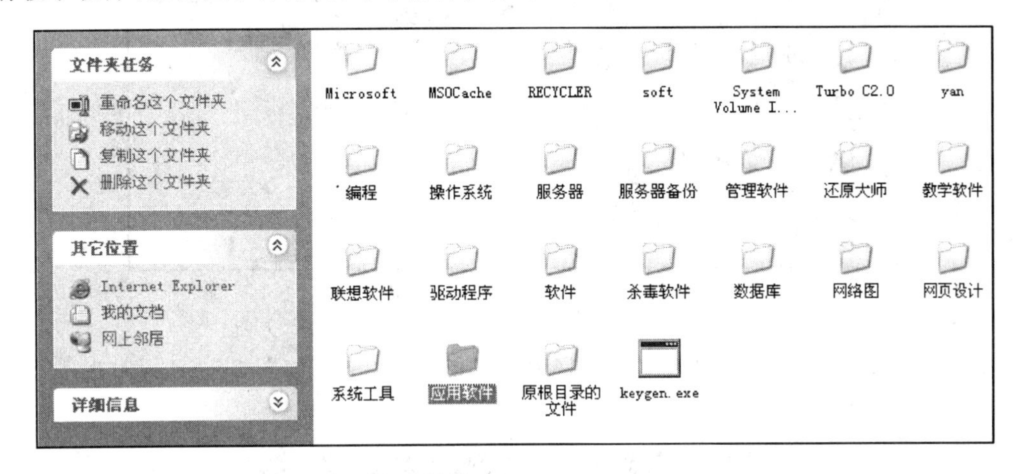

图 3-12　服务器软件

3.2.5　FTP 资源的下载

计算中心机房的 FTP 提供丰富的教学资源,且在校内 IP 网址范围内可以快速的下载并试用这些软件,方便了同学的学习。首先通过 IE 浏览器登录,进入如图 3-12 的 FTP 软件主界面。假如要下载 CAJ 浏览器,那么首先要找到“应用软件”及图书阅览,如图 3-13 所示。

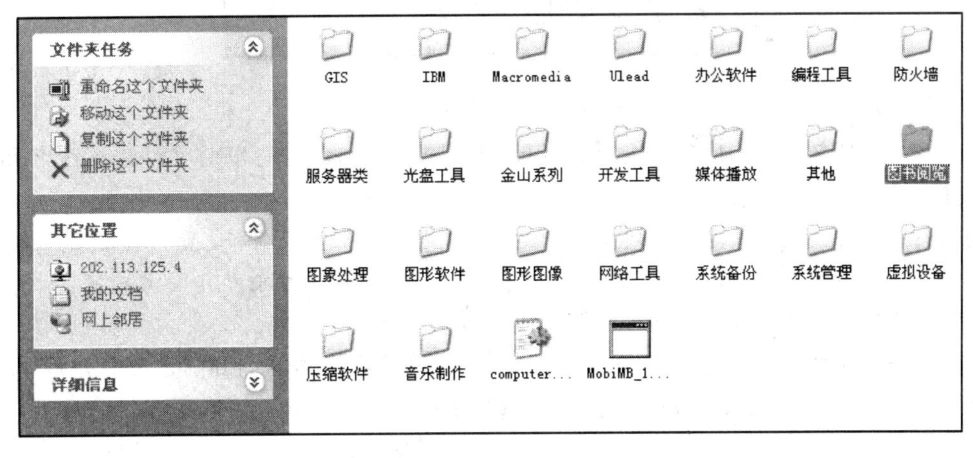

图 3-13　应用软件

下载步骤如下：

（1）双击打开图书阅览文件夹，找到 CAJviewer5.5 - OCR.exe，此时就可以下载这一段应用程序了，如图 3 - 14 所示。

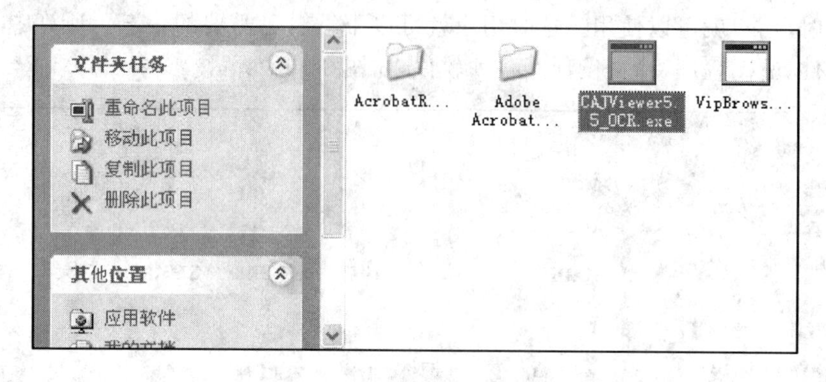

图 3 - 14 软件界面

（2）双击 CAJviewer5.5 - OCR.exe 应用程序图标，会出现如图 3 - 15 所示文件下载对话框。

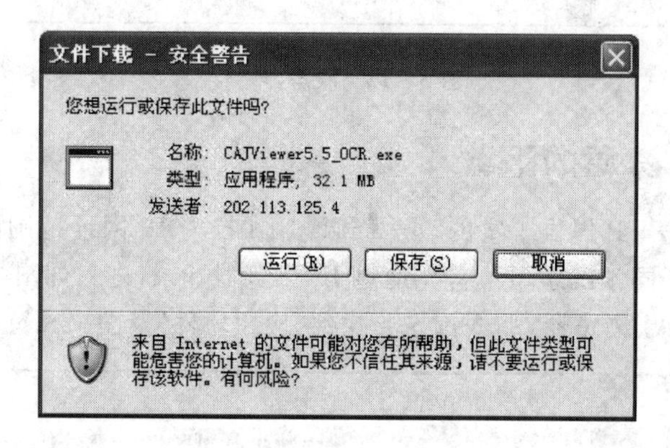

图 3 - 15 双击下载界面

（3）单击"保存"按钮，出现另存为对话框（见图 3 - 16），此时可以对文件进行改名和选择存储路经。

注意：不要修改文件的保存类型，这一操作可能导致文件不可用，设置完成之后单击保存，就轻松的把想要的应用程序下载到自己计算机里了。注意计算中心机房计算机安装硬盘还原系统，不能保存在 C 盘或者桌面上，要保存在 D 或者 E 盘中。

（4）单击保存之后，系统就自动开始下载，并计算下载所需时间和显示下载进度，下载完成之后就可以安装使用了，下载过程如图 3 - 17 所示。

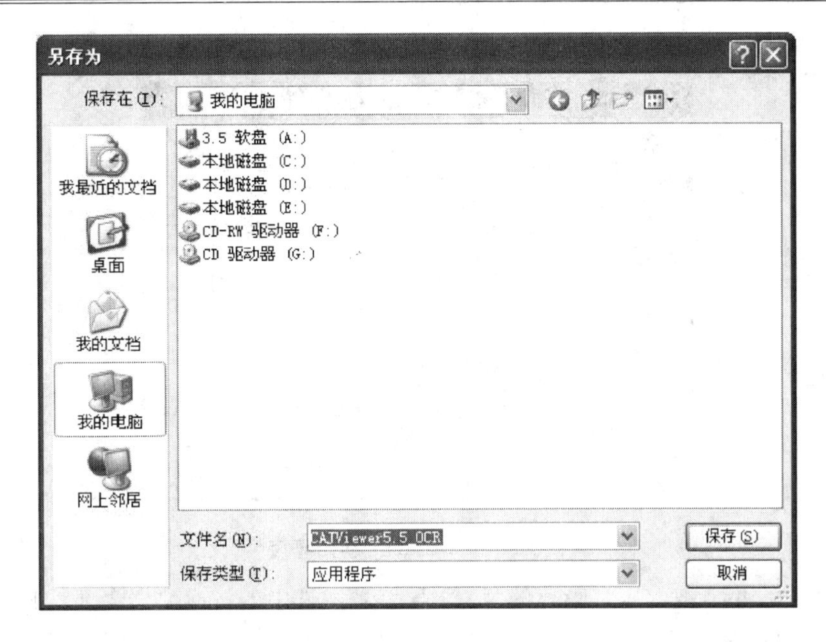

图 3-16　保存设置

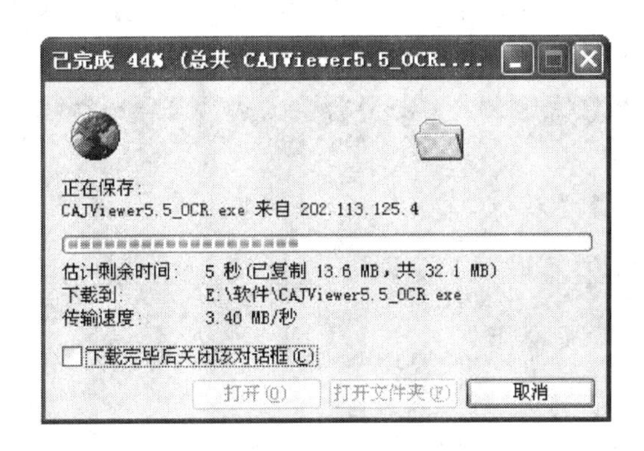

图 3-17　文件下载

3.2.6　FlashFxp

对于远程的 FTP 服务器来说，考虑到网络的传输速度和文件的大小，传输过程中可能遇到的一些意外情况，就需要用到一些使用灵活、功能专用的传输工具。这里主要介绍一下 FlashFxp 软件，用户可以在网络免费下载这类 FTP 客户软件。

1. FlashFxp 软件的安装

Internet 网上下载的 FlashFxp 软件一般是 WinRAR 或者是 ZIP 格式的压缩包，目前最新版本的汉化版是 v3.6.0，本地解压后可以直接安装，也可不解压安装。因此，该软件为共享软件，安装完毕以后，会提示软件的试用期限，出现如图 3－18 所示的操作窗口。

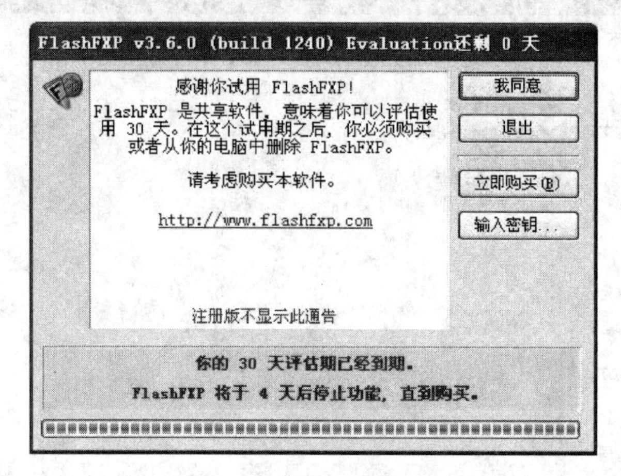

图 3－18 FlashFxp 初始界面

单击“输入密钥”，把解压目录下的“注册码.txt”文件中的注册数据全部复制到如图3－19窗口中，单击“确定”按钮完成注册。客户端在连接 Internet 的情况下，服务器软件在更新时会提示用户，但在更新完之后，FlashFxp 只能使用 30 天，因此，不建议用户进行在线更新，而在更新时应关闭“LiveUpdate”选项。输入密钥后的界面如图 3－19 所示。

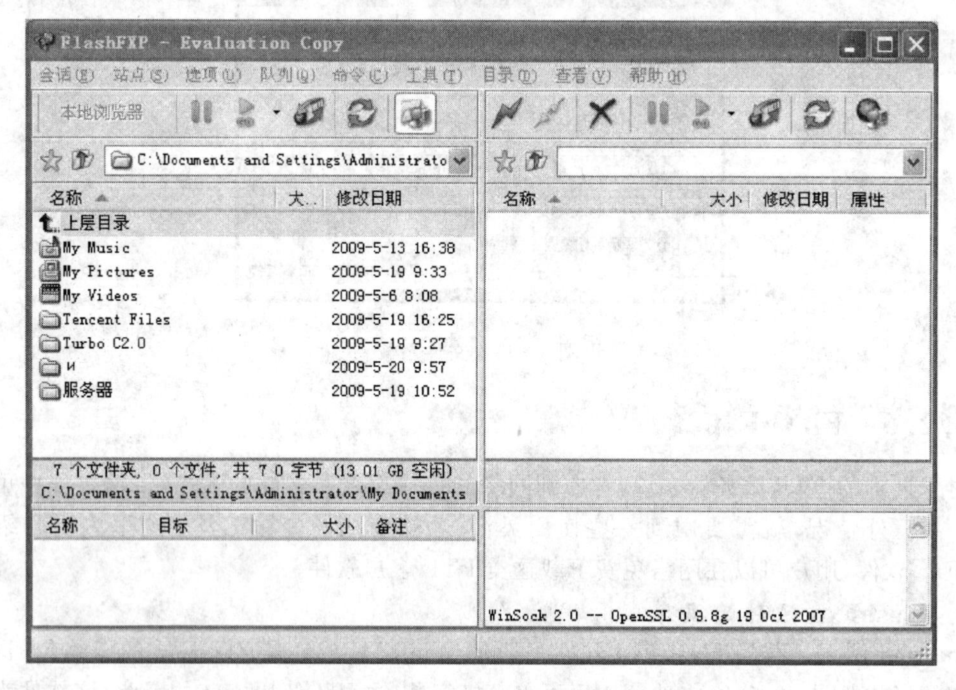

图 3－19 FlashFxp 验证密钥

2. 文件传输

FlashFxp具有非常友好的操作界面,实现了视觉和操作上的一致性。将FTP服务器和用户终端客户机上的内容融合并显示在同一窗口,易于实现上传网站、站点对传、修改文件上传大小写、防止被站点踢出、计算已使用的FTP空间、FTP下载等功能。现面就一一介绍FlashFxp带给我们在互联网上下载和与人分享的乐趣。

(1) 打开FlashFxp,依次单击菜单栏中"站点一站点管理器",或者直接使用快捷键F4,进入"站点管理器"对话框;单击对话框左下角"新建站点"按钮,会弹出一个对话框,输入站点的名称,如图3-20所示。

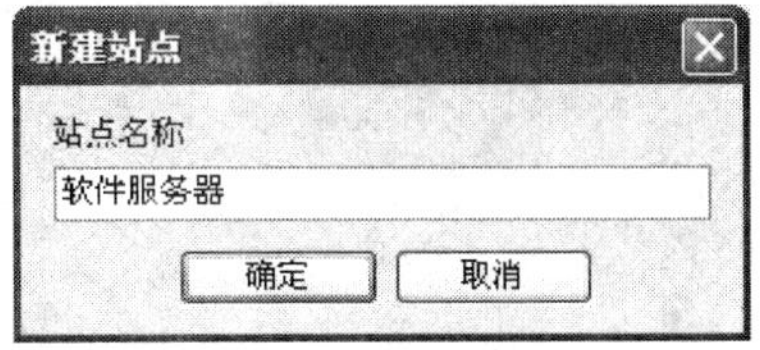

图3-20 新建站点

(2) 输入站点名称后单击确定按钮,进入站点设置。在常规面板,输入ftp空间的IP地址、端口、用户名称、密码,然后单击"应用"按钮,站点就设置好了。站点名称是对该FTP服务器系统的一个简单描述,IP地址指的是要访问的FTP服务器的主机域名或IP地址。FTP服务器的监听端口默认值为21,用户名和密码是用户与服务器进行连接时身份验证信息。除此以外,还要设置远程路径和本地路径,连到服务器和本地文件下载时的默认位置。设置完成之后,单击"连接"按钮,连接站点,设置站点如图3-21所示。

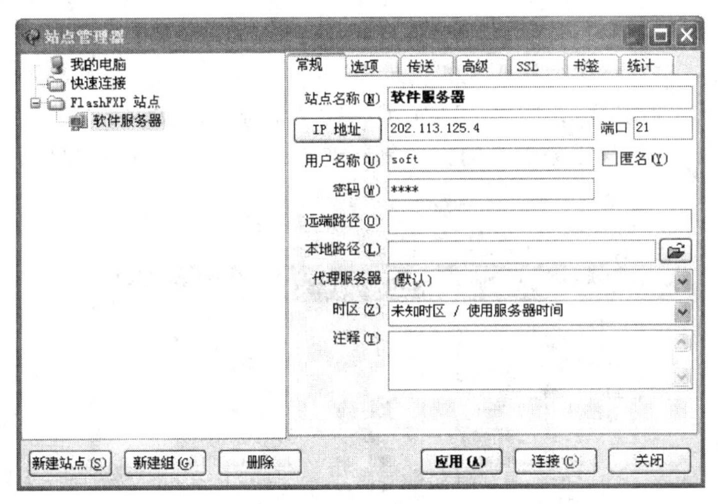

图3-21 设置站点

(3) 在"站点管理器"窗口中选择好后,单击"连接"按钮,激活FTP连接,如果登录成功,则进入如图3-22所示的FlashFxp主窗口。

(4) 若连接成功,上侧左右两个窗格将分别显示本地计算机和FTP服务器的默认目录下的文件,其中上面是目录,下面是文件名列表。上面左侧信息区显示出本地计算机下载成功的文件目录。下侧部分左窗格即为任务栏,用户可以使用右击某个人物查看相应的操作。对于因为某些原因而中断的下载,FlashFxp可以重新启动这些任务进行下载,避免用户丢失信息。下侧部分右侧窗格是已经执行过的FTP命令和返回的结果。

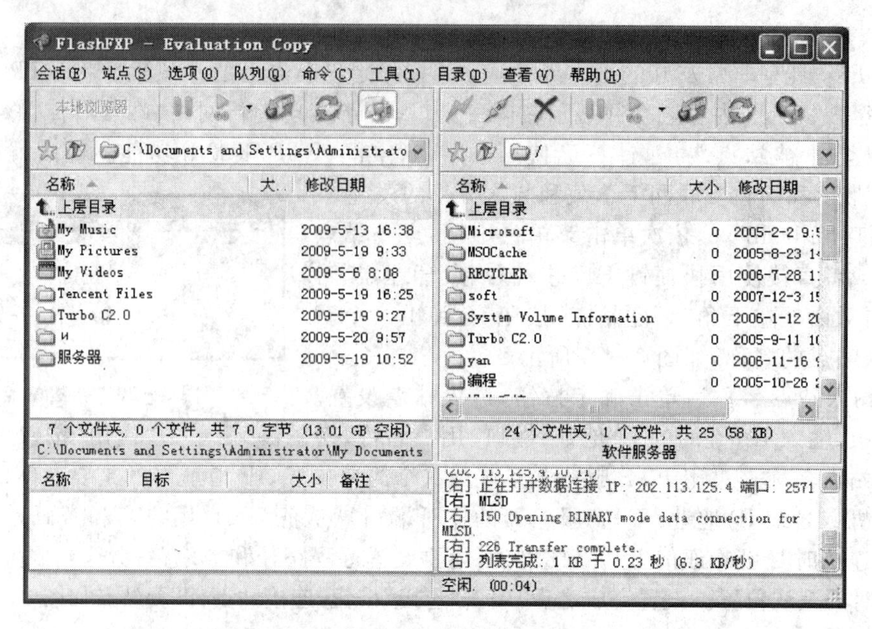

图 3-22 FlashFxp 主窗口

(5) 连接上站点之后,在远程系统的目录中选中一个或一批文件或者文件夹,选中后右击"传输",就可以下载到本地,如图 3-23 所示。或是将选中的文件或者文件夹拖动到本系统文件夹窗口,就可以将远程服务器上的文件复制到本地计算机上,这叫文件下载。

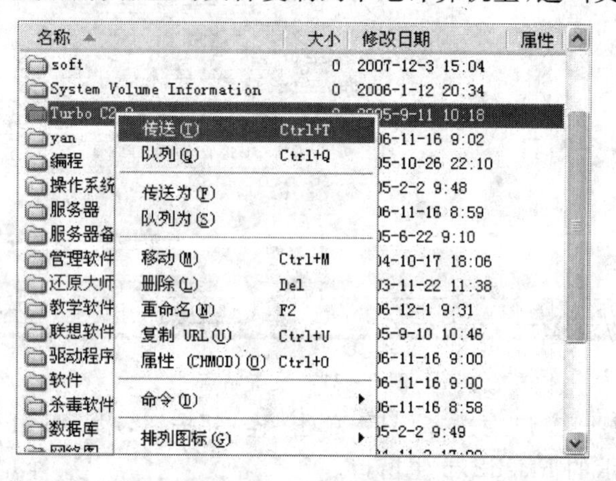

图 3-23 用 FlashFxp 下载文件

(6) 在本地选中文件或目录后拖到成员系统窗口,把本地计算机的文件上载到远程服务器上。除了以上命令之外,用户还可以完成文件的改名、删除、编辑等操作。这些操作都和使用资源管理器非常相似,这大大简化了 ftp 的操作过程,使普通用户也能顺利完成文件的传送。

第4章　畅游互联网

Internet的发展经历了研究网、运行网和商业网三个阶段。至今,全世界没有人能够知道Internet的确切规模。Internet正以人们始料不及的惊人速度向前发展。今天的Internet已经从各个方面逐渐改变了人们的工作和生活方式。人们可以随时从网上了解当天最新的天气信息、新闻动态和旅游信息;可看到当天的报纸和最新杂志;可以足不出户地炒股、网上购物、收发电子邮件;享受远程医疗和远程教育等。互联网给全世界带来了非同寻常的机遇。本章将着重介绍互联网上的电子邮件服务和即时通信服务。

4.1　电子邮件

4.1.1　电子邮件服务

电子邮件是基于计算机网络通信技术实现网上通信服务。在网络技术日新月异今天,电子邮箱已经成为人们与亲朋好友传递信息、商务交流的一种方便快捷的渠道。电子邮件(electronic mail)又被昵称为"伊妹儿"(E-mail),以其使用简易、投递迅速、易于保存、全球畅通而被广泛应用。与传统邮政信件相比,电子邮件有以下几方面优越性:

(1) 时效性　一个跨洲越洋的邮件,可能只需几秒钟就可以发到对方的"邮箱"中,并且不用麻烦任何人。

(2) 经济　在线路畅通的情况下,发出一封电子邮件只需要几秒钟,费用肯定比信件要少;与电话传真相比,也属经济实用。

(3) 易处理　电子邮件可以在计算机上修改或调试,易于处理。

(4) 可靠　发送电子邮件时,如果遇到对方的计算机未开机,邮件暂时无法发送到达目的地时,Internet上的"邮局"会每隔一段时间自动重发邮件,直到收到对方计算机发来的"已接收邮件"的消息。如果经过很长一段时间,接收端的计算机仍没有收到对方的信息,电子邮件系统会自动通知邮件发送者退还邮件。

经过因特网技术的不断进步,电子邮件发送信函的内容能从一般的文字扩大到数据库、图形、声音、影视等各种类型的文件中。随着多媒体技术的发展,电子邮件作为信息的载体所传递的内容越来越丰富。凡需要使用电子邮箱者可上网注册申请获得免费或收费邮箱。每一个申请Internet邮箱账号的用户都会拥有一个电子邮件地址。电子邮件地址可以提供给用户迅捷便利的网上通信服务。

4.1.2 邮件服务器与地址

在 Internet 网上,电子邮件服务都是由特定的邮件服务器来提供的。邮件服务器的功能类似于人们现实生活中的邮局,主要功能是对用户的邮件进行管理与传递。邮件服务器构成了电子邮件系统的核心。每个收信人都有一个位于某个邮件服务器上的邮箱,邮箱对应于邮件服务器上的一个存储区域,用于管理和维护已经发送给用户的邮件消息。一个邮件从发信人的用户代理开始,经过发信人的邮件服务器,中转到收信人的邮件服务器,然后投递到收信人的邮箱中,这是邮件发送的全过程。如果用户想查看自己的邮箱中的邮件消息时,邮件服务器将以他提供的用户名和口令对用户进行认证。认证成功之后,服务器就可以向用户提供发送与接收信件的服务。

人们所熟悉的 Yahoo、MSN、搜狐、网易、新浪等门户网站,都提供免费电子邮件服务,任何人只要接受并遵守用户协议条款,都可以申请一个电子邮箱,享受现代通信技术的优质服务。同时,这些网站也对 VIP 用户提供收费的电子邮箱,以提供更好的服务。这些服务器称为通用服务器。在一些企事业单位、学校或集团内部也可以建立邮件服务器,用于科学研究、办公交流,这类服务器称为专用服务器。

电子邮件地址如真实生活中人们常用的信件地址一样,有收信人姓名,发信人地址等。其结构是:用户名@邮件服务器。用户名就是登录名,用户名只能由英文字母、数字和下画线组成,用户名的起始字符必须是英文字母。如:netease_2007,用户名长度为 5～20 个字符,@后面的是邮局方服务计算机的标识(域名),这是由邮局方给定的。如 support@sina. com 即为一个邮件地址。

4.1.3 申请电子邮箱

下面以网易的 yeah. net 邮件为例,具体介绍一下怎样申请一个电子邮箱,如何享受因特网快捷的通信服务。有了网易账号以后,还可以相同的的 ID 登录网易通行证,享受网上虚拟社区带来的乐趣。

(1) 首先打开 IE 浏览器,在地址栏内输入 http://www. yeah. net/,或者进入网易主页 http://www. 163. com,在网站最上方单击免费邮件,进入邮箱登录页面,如图 4 - 1 所示。

(2) 单击网页左侧的"立即注册"按钮,出现如图 4 - 2 所示的开放注册界面。此时,用户可以选择自己喜欢个性化的网络 ID 来注册。作为电子邮件地址@前面部分,此名称可以是以英文字母开头、数字和下划线混合组成的标识符,系统要求必须选择一个唯一的 ID 进行注册,确保个人通信的安全性。

(3) 选定名称以后,单击下一步,这是系统会要求用户设置安全密码。密码保护问题及填写必要的个人资料,如图 4 - 3 所示。登录密码确保个人隐私的安全性,建议密码设置复杂一些,以防被人破解,造成不必要的损失。

(4) 在注册时,网站管理员默认用户已经接受了网站的服务条款,在进行下一步之前可以单击"我已阅读并接受'服务条款'"快捷方式了解服务条款,服务条款界面如图 4 - 4 所示。

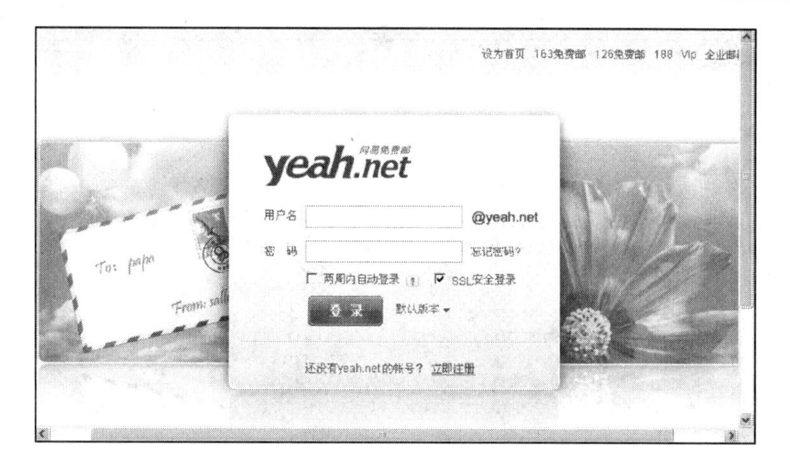

设为首页 163免费邮 126免费邮 188 Vip 企业邮
网易免费邮
yeah.net
用户名 @yeah.net
密 码 忘记密码?
两周内自动登录 SSL安全登录
登 录
默认版本
还没有yeah.net的帐号? 立即注册

图 4-1　yeah.net 邮箱主页

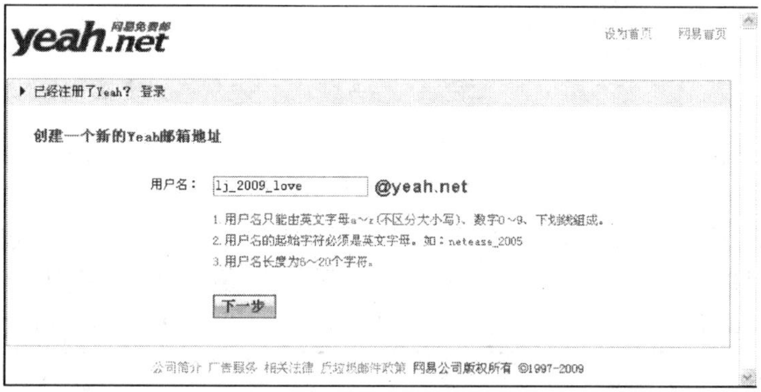
网易免费邮
yeah.net
设为首页 网易首页
已经注册了Yeah? 登录
创建一个新的Yeah邮箱地址
用户名: lj_2009_love @yeah.net
1. 用户名只能由英文字母a~z(不区分大小写)、数字0~9、下划线组成。
2. 用户名的起始字符必须是英文字母。如：netease_2005
3. 用户名长度为6~20个字符。
下一步
公司简介 广告服务 相关法律 反垃圾邮件政策 网易公司版权所有 ©1997-2009

图 4-2　开放注册界面

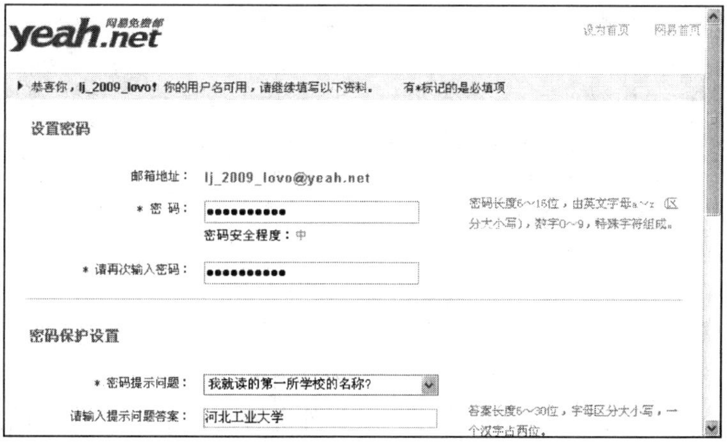
网易免费邮
yeah.net
设为首页 网易首页
恭喜你，lj_2009_love! 你的用户名可用，请继续填写以下资料。 有*标记的是必填项
设置密码
邮箱地址: lj_2009_love@yeah.net
* 密 码:
密码安全程度：中
密码长度6~16位，由英文字母a~z(区分大小写)，数字0~9，特殊字符组成。
* 请再次输入密码:
密码保护设置
* 密码提示问题: 我就读的第一所学校的名称?
请输入提示问题答案: 河北工业大学
答案长度6~30位，字母区分大小写，一个汉字占两位。

图 4-3　资料填写页面

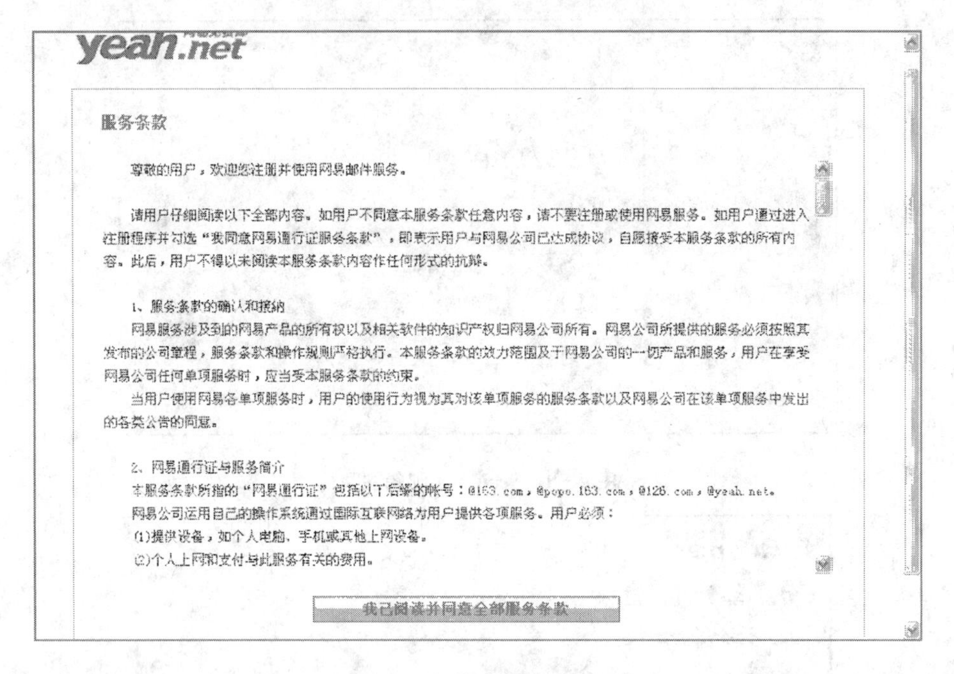

图 4-4 服务条款界面

(5) 服务条款阅读完毕之后，单击“我已阅读并同意全部服务条款”返回注册页面；单击“下一步”按钮，系统自动跳转到注册成功页面，如图 4-5 所示。经上述步骤，邮箱中已经存在系统发出的欢迎邮件，介绍邮箱的强大功能，单击此邮件，就可以享受电子邮件所提供的高速通信服务。

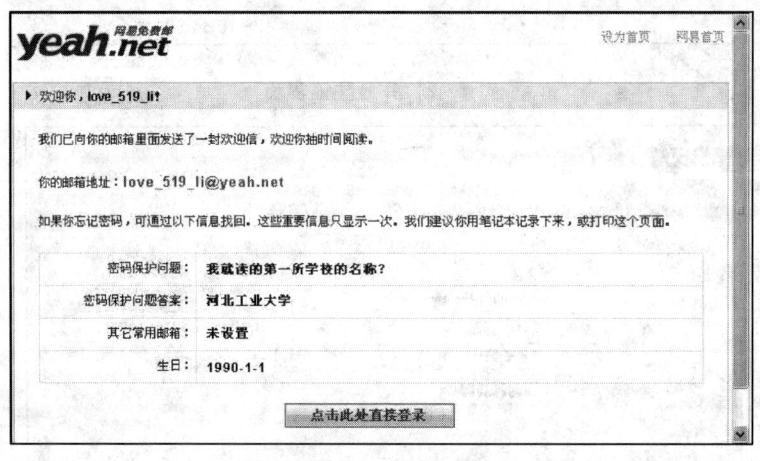

图 4-5 申请成功页面

申请了新的邮箱，就可以跟亲朋好友用电子邮件进行联系了。收发电子邮件可以通过电子邮件应用程序实现离线方式收发，也可以通过在线的 Web 网页方式进行操作。通过应用程序发送电子邮件，只要对应用程序进行相应设置；通过程序登录邮件服务器，将邮件下载至本地机上，可以安全方便地实现对邮箱账户的管理。这种方式的优点是所有的操作，包括阅读、写信等都可以在本地机上进行，只有当要进行发信和收信时才连接上网。流行的电子邮件应用程序有 The Bat、Makltalk、Foxmail 以及微软 Windows 操作系统自带的 Outlook Express。另外一种收发电子邮件的方式是直接登录 IE 浏览器，实现在 WEB 网页上直接收发。这种方式需要用户一直在线，因此也成为在线收发邮件，现在已经成为主流的收发邮件的方式。

4.1.4　利用应用程序收发电子邮件

利用应用程序来管理和收发电子邮件，其优点是并不要求本地机总是连接因特网，对于邮件的阅读、编辑、删除等都可以在本地机上进行，缩短了网络连接的时间。这是上网爱好者特别是在因特网初期常用的一种方式。许多操作系统在安装时都会默认安装系统自带的操作系统，这种程序与系统联系紧密，操作简便。下面以 Windows 操作系统自带的 Outlool Express 为例说明怎么应用程序来收发电子邮件。

1. 设置 Outlook Express

在初次使用 Outlook Express 时都要对软件进行设置，以使得应用程序与服务器连接起来，方便用户的操作。从“开始”菜单选择“程序”——Outlook Express 即可打开邮件客户端程序，如图 4－6 所示。下面以刚申请的 liang_2009_love@yeah. net 为例，介绍 Outlook Express 的设置方法。

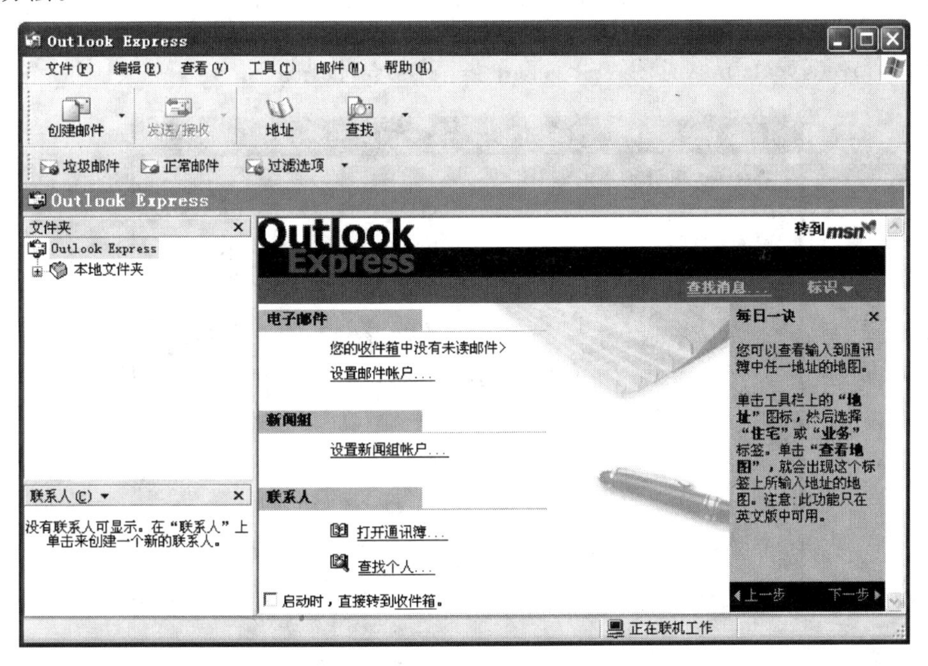

图 4－6　Outlook Express 程序界面

单击“工具”中的“账户”，在“账户”的页面中单击“添加”，再选择“邮件”；选择邮件后出弹出“Internet 连接向导”；首先输入用户的“显示名”，此姓名将出现在用户所发送邮件的“发件人”一栏，可以让朋友快速准确知道是谁发的邮件，如图 4-7 所示。

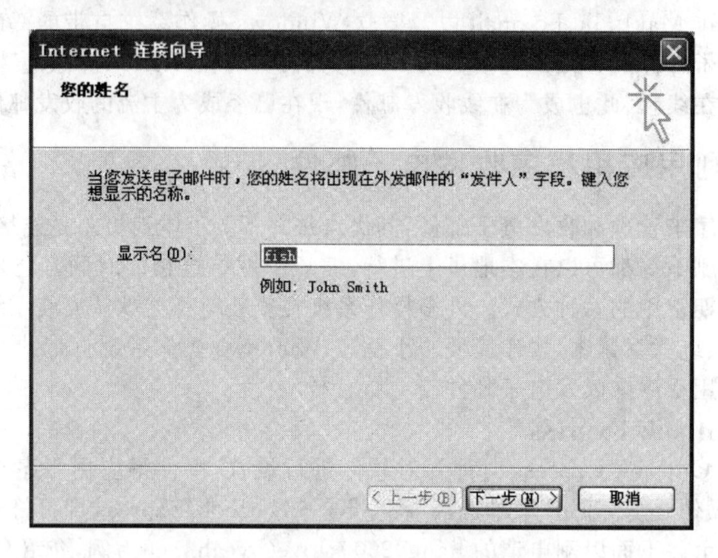

图 4-7 Outlook Express 连接向导

然后单击“下一步”按钮，在“Internet 电子邮件地址”窗口中输入用户的邮箱地址，如：liang_2009_love@yeah.net（见图 4-8），再单击“下一步”按钮。

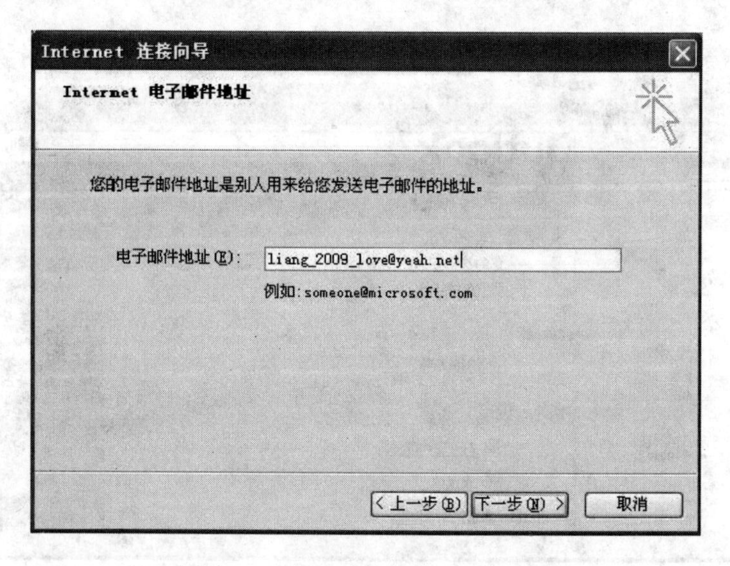

图 4-8 设置邮件接收和发送地址

在"接收邮件(pop3、IMAP 或 HTTP)服务器"字段中输入 pop3. yeah. net；在"发送邮件服务器(SMTP)"字段中输入 smtp. yeah. net(见图 4－9)，然后单击"下一步"按钮。

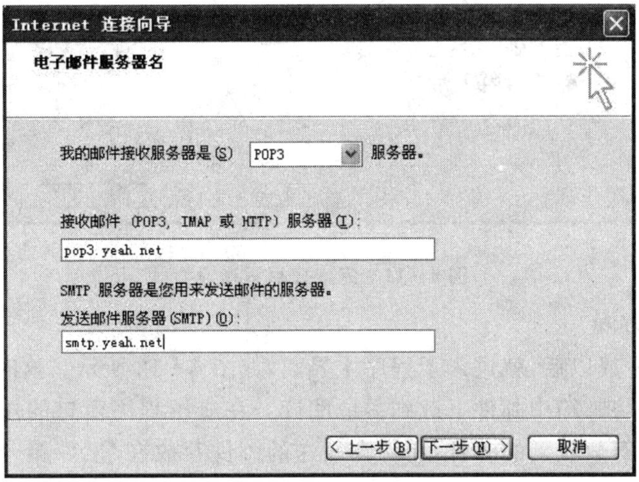

图 4－9　接收和发送邮件服务器

在"账户名"字段中输入 yeah. net 邮箱用户名(仅输入@ 前面的部分)。在"密码"字段中输入邮箱密码，然后单击"下一步"按钮，如图 4－10 所示。

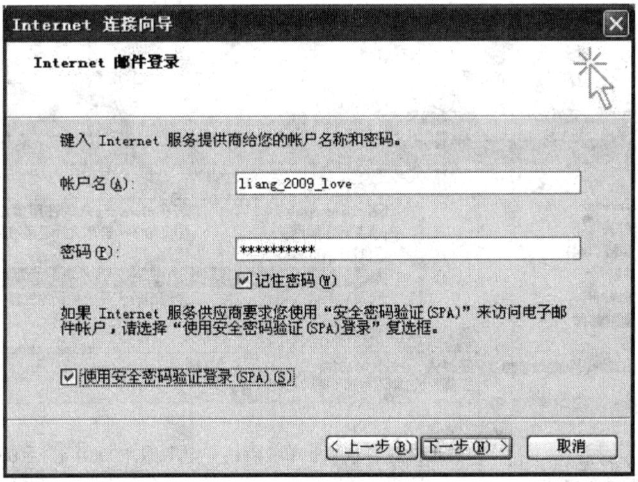

图 4－10　输入用户名和密码

单击"完成"按钮，就完成了对 Outlook Express 的设置，如图 4－11 所示。

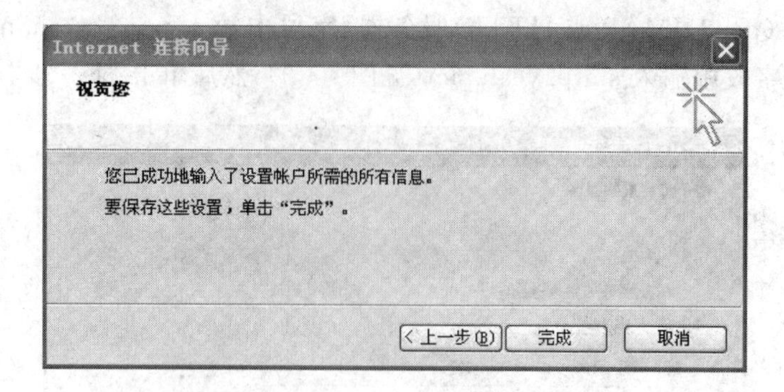

图 4-11　完成应用程序设置

2. 接收电子邮件

应用程序设置完成以后，就进入了程序主界面，如图 4-12 所示。这时可以单击工具栏中“发送/接收”按钮并将邮箱中邮件下载到本地阅读。在应用程序窗口的左面列出了程序的功能，即“收件箱”用于存放收到的邮件，而正在发送的邮件存放在“发件箱”中，邮件发送成功后会自动转存到“已发送邮件”中。“已删除邮件”功能类似于“回收站”，在清除邮件时，邮件才会真正被删除。窗口右边显示当前文件夹的预览情况，当选中“收件箱”时，右边上侧则会显示收件箱中的邮件清单，同时在下方会出现选中邮件的预览情况。

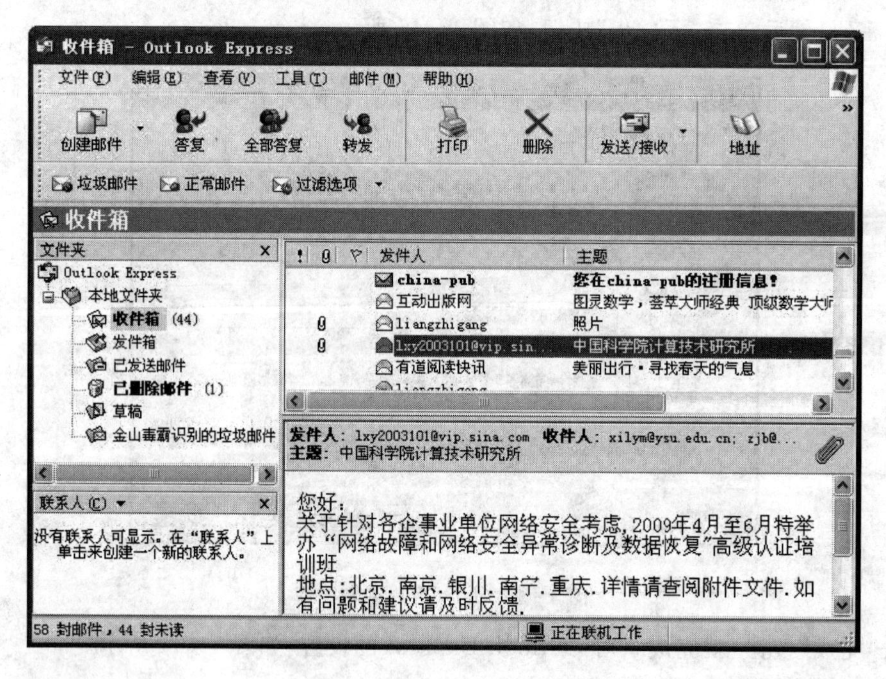

图 4-12　接收电子邮件

对于收到的电子邮件，有两种可以选择的方式进行阅读。第一，在程序主窗口左侧选中“收件箱”，则在程序窗口的右侧上半部分显示出收到的邮件，选中要阅读的邮件，此时就可以在下侧的预览窗口中进行阅读了，如图4-12所示。第二，可以直接在右侧邮件预览窗口双击该邮件，则弹出新的窗口，显示出邮件内容，如图4-13所示。

图4-13　阅读邮件窗口

在Outlook Express中，还可以把收到的邮件以后缀名“.eml”的文件进行保存。首先，在窗口右侧邮件列表中选中要保存的邮件，然后单击菜单中“文件”命令，出现下拉菜单，选择“另存为”命令，此时会弹出“邮件另存为”的对话框；最后编辑邮件保存的名称，格式默认为*.eml，选择保存邮件的磁盘及文件夹，单击保存完成操作。

3. 发送电子邮件

在工具栏中单击“创建邮件”就可以直接进入新邮件编辑窗口，如图4-14所示。在这里可以编辑邮件的具体内容，设置邮件的投递地址，并可以同时给多个人发送邮件，即只要将收件人一栏中填写不同的收件人地址即可。若要将发送的电子邮件同时发送给几个人，可以在收件人地址栏中依次写入他们的E-mail地址，并在两个地址之间用“，”分开；还可以在“抄送”栏中输入另一批人的地址，将邮件同时发送给他们。这里收件人地址是必须要填写正确的，@前后两部分内容都要认真填写，因为因特网上用户名是用户的唯一标识，并且浩如烟海，一个符号的差别邮件就会发送到另外一个地址，邮件的主题可以提醒收件人这封邮件主要内容是什么，使收件人一目了然，避免被邮件服务器当成垃圾邮件而误删。

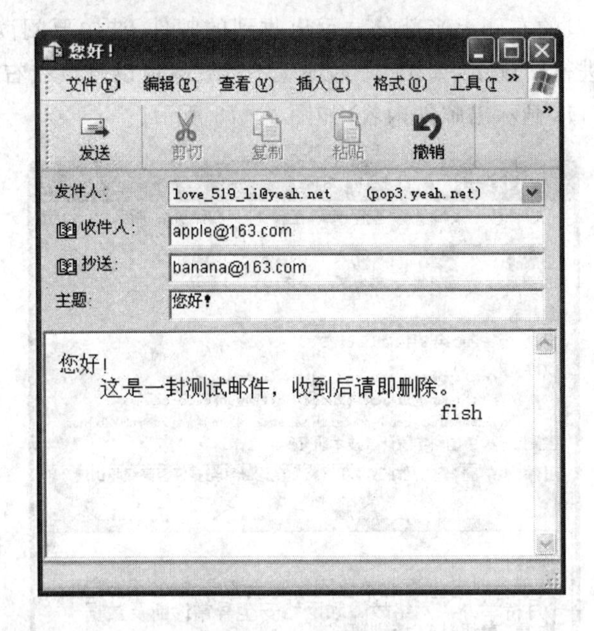

图 4－14 撰写新邮件

邮件编辑完成之后，单击工具栏里的“发送”按钮发送邮件。此时，屏幕会提示用户，该电子邮件将被存放到“发件箱”中，单击确定按钮，完成邮件的存储。打开“工具”菜单，选择“发送”或“发送和接收”命令，弹出“发送和接收”窗口，程序将发件箱中所有电子邮件副本发送至用户注册时填写的邮件服务器，并经过服务器将邮件发送至收件人邮件服务器，最后邮件服务器再将邮件储存至收件人邮箱当中。发送邮件时如单击“发送和接收”按钮，应用程序除将发件箱中邮件发送出去以外，还会从发件邮件服务器上接收新收到的邮件，如单击“发送”按钮，则程序只是单纯的将邮件发送出去。

4. 插入附件

可以在发送电子邮件时，将一些文件(如文本文档、图片文件、影音文件等)以附件的形式发送给收件人，在传递信息的同时，使邮件变得丰富、温馨。随着因特网的飞速发展，各个网站所能发送的附件容量在不断增大，有的网站允许用户直接发送单个文件最大上限为 10 MB，而安装网站提供的插件之后，有的网站甚至提供 100 MB 容量的附件。发送邮件时，编辑完邮件的正文之后，首先单击菜单中“插入”命令，在下拉菜单中根据附件的不同种类进行选择：如果是文本文件，则直接选择“文本中的文本”命令；若是其他类型附件，则选择“文本附件”；在附件栏里出现磁盘文件的对话框，选择该文件所在的路径及文件，单击对话框中的“附件”按钮，在附件栏里会显示出刚选中文件的图标、文件名如图 4－15 所示。如有多个附件需要插入，则可以重复刚才的操作。

图 4－15　插入附件后页面

5. 回复与转发邮件

当收到朋友发来的邮件时，往往想在第一时间给以回复，这就用到 Outlook Express 的回复功能。阅读完一封邮件之后，可以对收件人进行回复，可以在打开的邮件预览页面中单击“答复”按钮，也可以单击“邮件”，在下拉菜单中选择“答复发件人”，此时会弹出以“Re……”为标题窗口，就能以与“发送新邮件”类似的操作以完成“回复邮件”。

电子邮件服务中还向用户提供了转发服务，通过这一服务，用户可以将他人发给自己的祝福邮件转发给朋友，实现信息共享。与回复邮件类似，转发邮件也可通过工具栏“转发”，或者通过菜单“邮件——转发”来实现。以上两种操作也可以在邮件阅读窗口中轻松实现。

4.1.5　通过网页收发电子邮件

在前一节，已经在网易的 yeah.net 中申请了免费的邮箱，也可以在线对邮箱进行操作，网页方式发送电子邮件要求用户每次登录邮箱时都要输入 ID 和密码，这也是现在常用的使用电子邮箱的方式。

1. 邮箱功能介绍

打开 IE 浏览器，进入网易主页，输入用户名和密码，登录后就可以看到邮箱主界面，如图 4－16所示。所有的邮箱功能类似，因此界面也大同小异。在界面的左侧是一些存放邮件的文件夹，而右侧就是选中某一功能所显示的文件。通常左侧文件夹及功能如下：

收件箱　用来存放用户收到的邮件。文件夹中以不同的字体和优先权显示了已读和未读的邮件，一般说来，已读邮件用普通字体显示，未读邮件以加黑加粗方式显示。

草稿箱　存放用户编辑完成或正在编辑的邮件，暂时不发送的邮件也可以存放在草稿箱中。

已发送　用户发送成功邮件之时，系统会默认不保留副本，可以通过更改邮箱设置，使得系统保留一份副本在已发送文件夹中。

已删除　所有删除的邮件都会在此文件夹中存放，除非用户选择永久删除命令。

通讯录　这一功能使用户可以在网上保留朋友同事的联系方式，方便了操作，用户只需单击名字就可以实现电子邮件地址的输入。

图 4-16　邮箱主界面

2. 在线发送电子邮件

当收到新邮件时，单击收件箱，可以看到新到邮件的列表。选择需要阅读的邮件，双击它的主题，就可以打开邮件。阅读完毕以后，可以单击“回复”、“转发”或者“删除”按钮，以便进行相应的操作。

单击写信按钮，可以打开新邮件界面，这类似于在应用程序中撰写新邮件。

收件人一栏必须填写完整的收件人电子邮件地址，此时可以利用通讯录功能，单击收件人名字，则收件人电子邮件地址自动出现在收件人一栏；连续单击不同收件人，则系统自动将地址之间用“;”隔开；接下来可以选择抄送给哪些人，密送处如果写了地址，则收件人在收到邮件时并不知道邮件同时寄给了谁；主题的填写非常重要，因为它会透露一些重要的信息给收件人，增大邮件被阅读的几率；附件也是一个应该注意的问题，网页发送邮件时，会根据网站的不同要求，附件的大小略有调整，粘贴附件的方式也各异，需要阅读邮件发送说明。

填写好邮件的各项内容之后，就可以单击发送按钮将邮件发送出去了。

在阅读邮件时应当注意，当前网络病毒肆虐，很多病毒隐藏在邮件附件中传播。因此，在打开附件之前一定要先杀毒，最好打开杀毒软件进行监控。

4.2　即时通信服务

即时通信(instant messaging,简称 IM)是一个终端服务,允许两人或多人使用网络即时的传递文字信息、档案、语音与视频交流。分电话即时通信、手机和网站即时通信、手机即时通信代表的是短信,网站、视频即时通信如 MSN、QQ、擎旗 UcSTAR、百度 hi 和恒聚 ICC 等应用形式。随着网络及手机的普及,即时通信已经越来越深入到人们的生活当中。本节将简单了解网络即时通信的历史及分类,并介绍两款流行的网络即时通信软件。

4.2.1　即时通信历史及分类

1. 即时通信历史及发展

1996 年夏天,以色列的三个年轻人维斯格,瓦迪和高德芬格聚在一起决定开发一种软件,充分利用互联网即时交流的特点,来实现人与人之间快速直接的交流,由此产生了 ICQ 的设计思想。当时是为了他们彼此之间能及时在网上联系交流用的,可以说近似一种个人的“玩具”。为此成立了一家名为 Mirabilis 的小公司,向所有注册用户提供 ICQ 服务。这就形成了最早的即时通信软件 ICQ。ICQ 是英文中 I seek you 的谐音,意思是我找你。三名以色列青年在当年 11 月份发布了最初的 ICQ 版本之后,在六个月内有 85 万用户注册使用。

早期的 ICQ 很不稳定,尽管如此,还是受到大众的欢迎,雅虎也推出 Yahoo pager,美国在线也将具有即时通信功能的 AOL 包装在 netscape communicator,而后微软更将 Windows messenger 内建于 Microsoft Windows XP 操作系统中。腾讯公司推出的腾讯 QQ 也迅速成为中国最大的即时通信软件。目前,微软的 MSN 和腾讯 QQ 是比较流行的即时通信软件。

2. 即时通信的行业应用

个人即时通信:主要是以个人(自然)用户使用为主,开放式的会员资料,非赢利目的,方便聊天、交友、娱乐,如 QQ、雅虎通、网易 POPO、新浪 UC、百度 hi、盛大圈圈和移动飞信(PC 版)等。

商务即时通信:商务泛指单位、人与人之间的买卖关系。商务即时通信的主要功能是实现寻找客户资源或便于商务联系,以低成本实现商务交流或工作交流。商务即时通信如 5107 网站伴侣、阿里旺旺贸易通、擎旗技术 UcSTAR、阿易旺旺淘宝版、QQ(拍拍网,使 QQ 同时具备商务功能)、MSN 和 SKYPE。

企业即时通信:以企业内部办公为主,建立员工交流平台,如恒聚 ICC 系统和擎旗技术 UcSTAR。

行业即时通信:主要局限于某些行业或领域使用的即时通信软件,不被大众所知。主要用于游戏圈内小范围,如盛大圈圈和奥博即时通信。

泛即时通信:一些软件带有即时通信软件的基本功能,但以其他使用为主,如视频会议。

在因特网上受欢迎的即时通信服务包含了 MSN Messenger、AOL Instant Messenger、UcSTAR、Yahoo! Messenger、ICQ 与 QQ。下面介绍一个在国际上比较流行的 MSN 和腾讯的 QQ

软件。MSN 即时通信软件是由微软公司开发并不断完善,是国际四大即时通信软件之一,而 QQ 是由腾讯公司开发,经历 10 年发展和壮大成熟,已经被很多年轻人所熟知、使用并受到追捧。

4.2.2 MSN Messenger

MSN 是 MIcrosoft service network 微软网络服务的缩写,MSN Messenger 是一个出自微软的即时通信工具,它于 1999 年 7 月发布,它的最新版本是 Windows live messenger 9.0。MSN 9 是一种 Internet 软件,它基于 Microsoft 高级技术,可使用户更有效地利用 Web。MSN 9 是一种优秀的通信工具,使 Internet 浏览更加便捷,并通过一些高级功能加强了联机的安全性。这些高级功能包括家长控制、共同浏览 Web、垃圾邮件保护器和定制其他。

1. MSN 下载安装

下载安装有两种方式:一种是下载整个应用程序,另一种是下载一个 Installer。打开 IE 浏览器,在地址栏中输入 http://im.live.cn/get.aspx,则进入 MSN 下载主页面;随后可以选择安装方式:“在线安装”或者是“完全下载”,然后本地安装。若将下载主程序完全下载至本地,双击打开安装程序,出现安装界面,如图 4-17 所示。

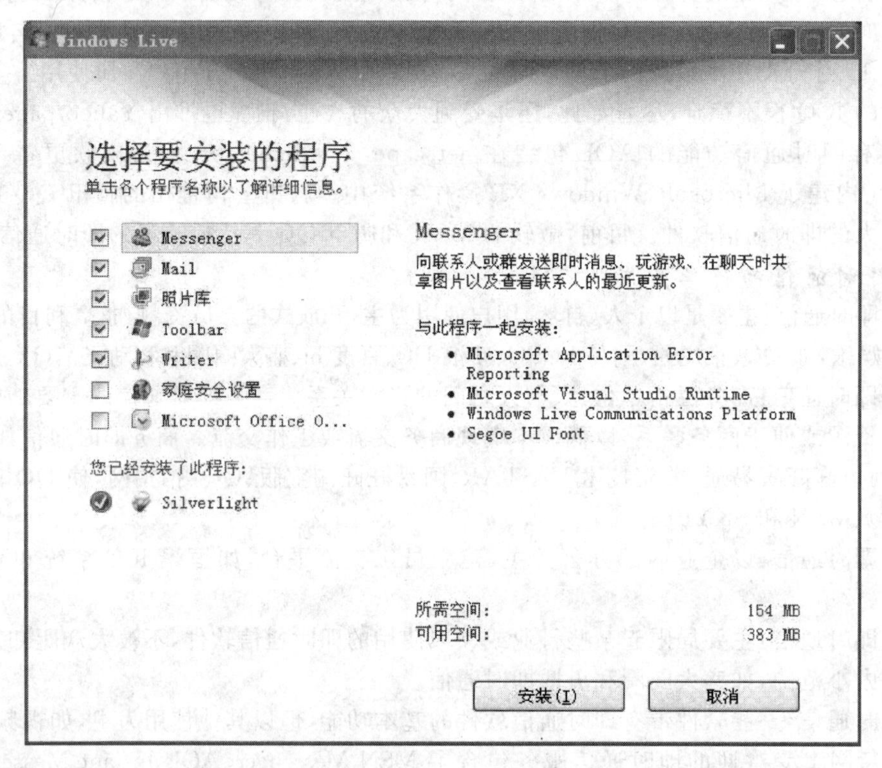

图 4-17　Windows live 安装初始界面

阅读完隐私之后，单击“接收”按钮。进入软件选择界面，在此选择要安装的 Windows 软件，选定之后进入 Windows Messenger 安装界面，如图 4－18 所示。当安装程序提示软件安装完毕后，单击“关闭”按钮，结束安装过程。安装过程自动进入 Messenger 登录界面。

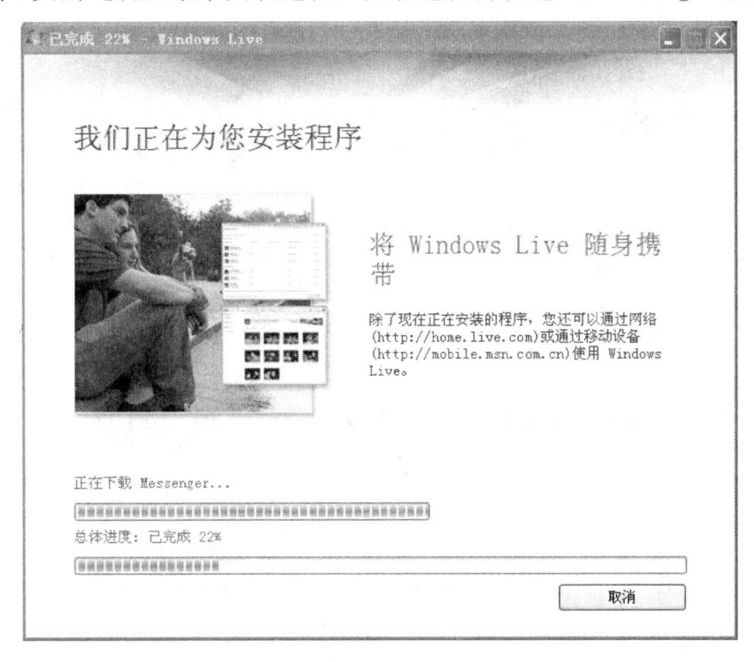

图 4－18　Windows Messenger 安装界面

用户如果已经拥有 Hotmail 或 MSN 的电子邮件账户就可以直接打开 MSN，单击“登录”按钮，输入电子邮件的地址和密码可以登录。如果没有这类账户，可单击登录界面上的“注册”按钮进行申请，如果直接注册 MSN 账户，一种方式是利用已有的电子邮件账户作为登录 ID，这种方式避免了注册时用户名冲突的发生，但是无法享用 MSN 独有的邮件服务，用户必须保证邮箱地址的可用性，在密码丢失时可以将密码发送至相应的邮箱。另一种方式是，用户也可以注册 Windows live 和 hotmail 邮箱，并参照前一节的申请邮箱类似方法，打开 http://www.hotmail.com/ 或 www.live.cn 邮箱主页，申请一个电子邮件账户，同样也可以登录 MSN。

拥有了 MSN 账号，就可以登录 MSN 并和好朋友进行交流了。登录时，可以对自己登录方式和在线状态进行设置，就可以勾选是否保存信息、记住密码和自动登录，建议在家庭或办公计算机上勾选。在网吧时为了个人信息安全，不建议用户保留这些项目在计算机上，以免账号被盗，造成不必要的损失。

2. MSN 基本操作

(1) 添加新的联系人　在 Messenger 主窗口中，单击“我想”下的“添加联系人”。或者，单击“联系人”菜单，然后单击“添加联系人”。选择“通过输入电子邮件地址或登录名创建一个新的联系人”，随后输入完整的对方邮箱地址，单击“确定”后再单击“完成”按钮，就成功地输入一个联系人了，添加联系人如图 4－19 所示。这个联系人上网登录 MSN 后，会收到你将他加入的信息，如果他选择同意的话，他在线后你就可以看到他，他也可以看到你。重复上述操作，就可以输入多个联系人。

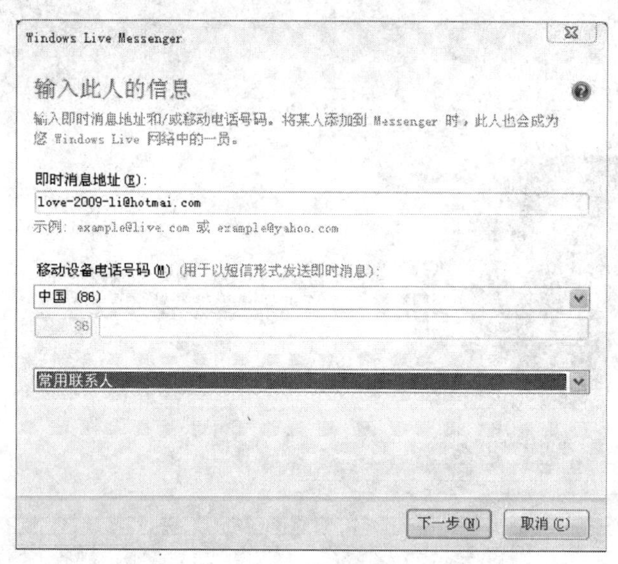

图 4－19 添加联系人

（2）发送即时消息 在联系人名单中，双击某个联系人的名字，在“对话”窗口底部的小框中键入想要发送的消息，单击“发送”按钮。在“对话”窗口底部，还可以看到其他人输入状态。当没有输入消息时，可以看到最后一条消息的日期和时间。每条即时消息的长度最多可达 400 个字符（低版本 MSN 可能少于 400 个字符），如图 4－20 所示。

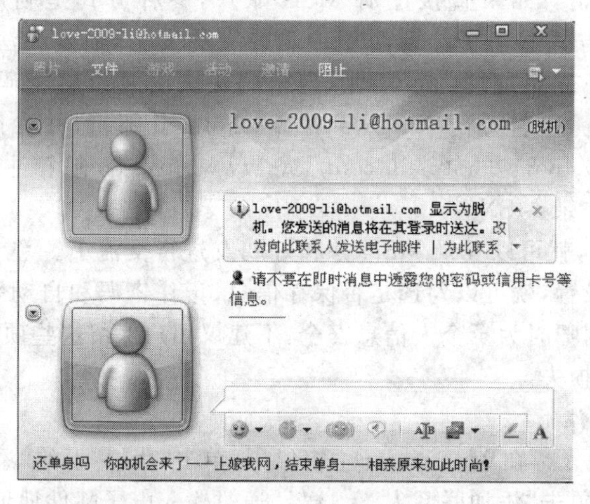

图 4－20 MSN 发送即时消息窗口

(3) 语音对话 除了发送即时消息之外,还可以在 Messenger 主窗口中启动音频对话或者在对话期间添加音频。在 Messenger 主窗口中,单击“操作”菜单,单击“开始音频对话”,然后选择要与其进行对话的联系人。或者,在对话期间,单击“对话”窗口顶部的“音频”。使用“对话”窗口右侧的音量控制滑块来调整传声器的输入音量以及从扬声器中输出的音量。

(4) 使用网络摄像机进行对话 若要在 MSN Messenger 中发送网络摄像机视频,用户必须在计算机上连接摄像机,在对话期间单击“网络摄像机”图标。或者,在主窗口中单击“操作”菜单,单击“开始网络摄像机对话”,选择要向其发送视频的联系人名称,然后单击“确定”按钮。若要进行双向的网络摄像机对话,则两位参与者则必须安装网络摄像机并且必须邀请对方。

Messenger 除了提供优质的即时通信服务以外,还提供了功能完善的系统和个性化设置。首先对于不同的用户设计不同风格的主窗口界面,用户可以通过添加和删除组来实现对于不同类型好友的管理,也可以更改用户和好友聊天时的界面背景。用户还可以通过 MSN 发送照片和文件,更改联机状态、名称显示方式和阻止特定联系人看到自己的在线状态等。

4.2.3 QQ

腾讯 QQ 是由深圳市腾讯计算机系统有限公司开发的一款基于 Internet 的即时通信(IM)软件。在 1999 年,国内冒出一大批模仿 ICQ 的在线即时通信软件,如新浪的 UC、网易的泡泡和百度的 Hi。QQ 的前身 OICQ 也是在 1999 年 2 月第一次推出的,其合理的设计、良好的易用性、强大的功能,稳定高效的系统运行,很快便赢得了用户的青睐,使得 QQ 在如此众多的在线即时通信软件中脱颖而出,最终把其他竞争对手吞吃殆尽,由此占领了中国在线即时通信软件市场的 74%以上市场。

网友可以使用 QQ 和好友进行交流,或将信息和自定义图片(相片)即时发送和接收,或将用语音视频面对面聊天,功能非常全面。此外 QQ 还具有与手机聊天、bp 机网上寻呼、聊天室、点对点断点续传传输文件、共享文件、qq 邮箱、备忘录、网络收藏夹和发送贺卡等功能。QQ 不仅仅是简单的即时通信软件,它与全国多家寻呼台、移动通信公司合作,实现传统的无线寻呼网、GSM 移动电话的短消息互联,是国内最为流行、功能最强的即时通信(IM)软件。腾讯 QQ 支持在线聊天,即时传送视频、语音和文件等多种多样的功能。同时,QQ 还可以与移动通信终端、IP 电话网、无线寻呼等多种通信方式相连,使 QQ 不仅仅是单纯意义的网络虚拟呼机,而是一种方便、实用、高效的即时通信工具。为使 QQ 更加深入生活,腾讯公司开发了移动 QQ 和 QQ 等级制度。只要申请移动 QQ,用户即可在自己的手机上享受 QQ 聊天,一个月收取 10 元。移动 QQ2007 实现了手机的单项视频聊天,不过对手机的要求很高。

随着时间的推移,根据 QQ 所开发的附加产品越来越多,如 QQ 游戏、QQ 宠物、QQ 音乐、QQ 空间等,受到 QQ 用户的青睐。用户只要申请一个 QQ 号码,就可以完全享受以上这些免费的优质服务。下面将介绍一个 QQ 号码的申请以及 QQ 的主要服务内容。

图 4-21 QQ2009 Beta 主界面

1. 申请 QQ 号码

用户可以登录腾讯公司官方网站 http://www.qq.com/,下载最新版本的 QQ 安装文件,运行此文件,再根据软件安装向导,将 QQ 客户端安装在计算机当中,此时桌面会出现 QQ 主程序快捷方式,双击运行 QQ 程序,出现如图 4-21 所示主界面。

单击"注册新账号",进入号码申请页面,如图 4-22所示。可以选择申请号码的方式,如"网页免费申请"、"手机免费申请"或者"手机快速申请",同时用户也可以根据自己喜好申请收费的"靓号"。

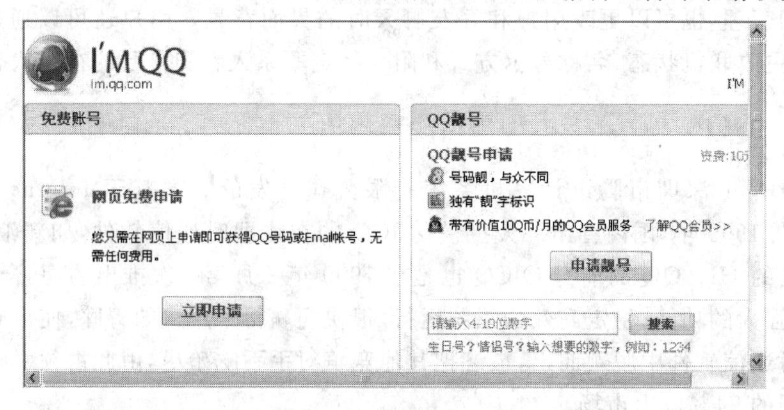

图 4-22 申请 QQ 号码

单击"网页免费申请"字样,将会出现选择号码种类界面,如图 4-23 所示。这里将以申请一个以阿拉伯数字组成的 QQ 号码为例进行操作。

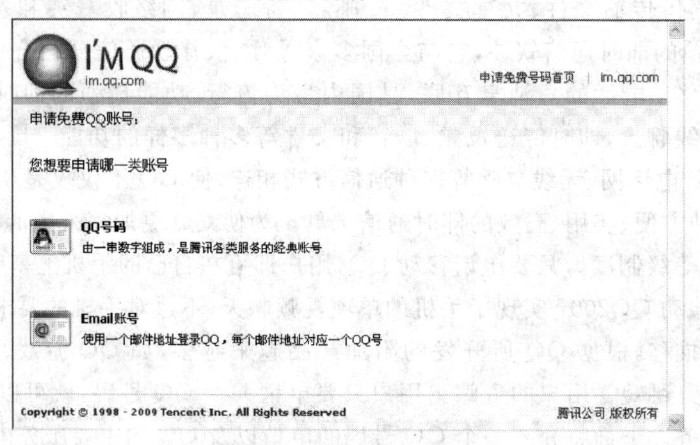

图 4-23 选择号码种类

确认服务条款，填写“必填基本信息”，选填或留空“高级信息”，单击“下一步”，即可获得免费的 QQ 号码，填写资料页面，如图 4－24 所示。

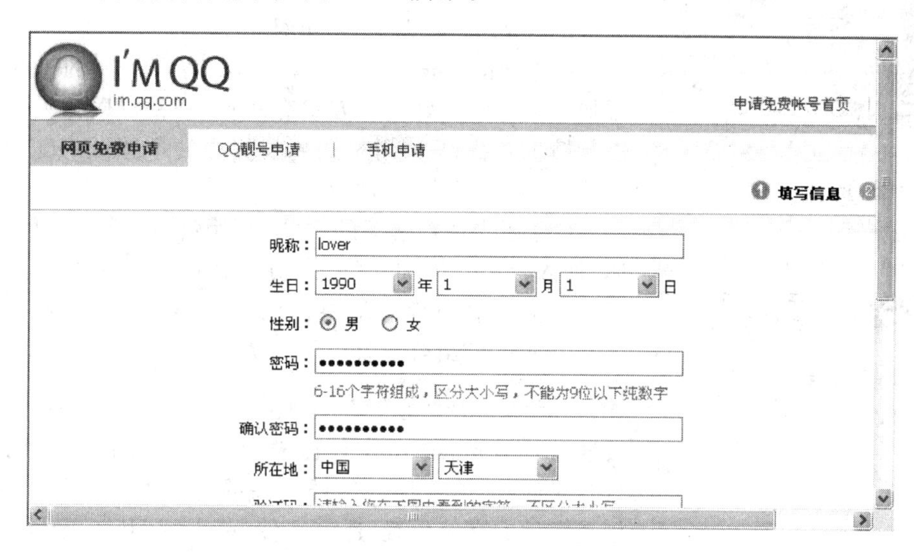

图 4－24　填写个人信息

单击“确定”按钮，出现注册成功的信息，如图 4－25 所示。

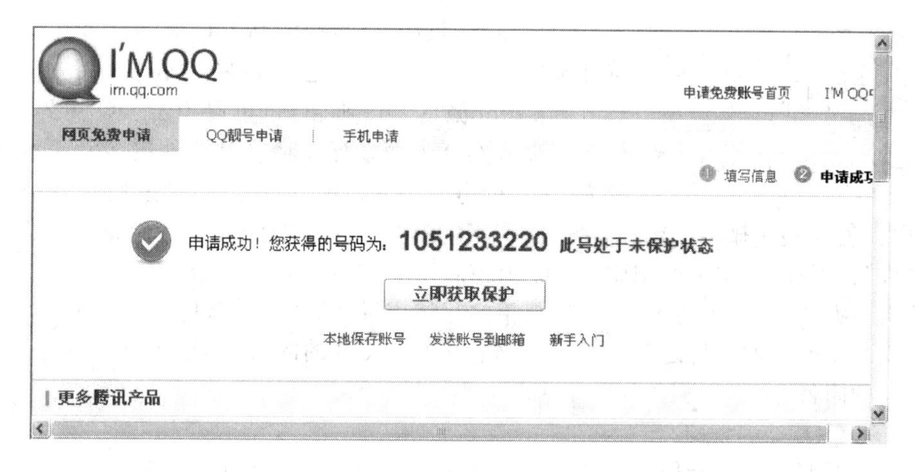

图 4－25　注册成功

这样就成功申请了 QQ 号码 1051233220，用户同时也可以享受与这一号码相关的 QQ 邮箱、QQ 游戏、QQ 在线音乐和 QQ 空间等服务。此时，可以输入 QQ 号码和密码，进入 QQ 与网上朋友聊天了。QQ 默认邮箱的关联地址为：QQ 号码@QQ.com。因此，在号码申请成功的同时，也拥有了 QQ 邮箱 1051233220@QQ.com。QQ2009 登录界面如图 4-26 所示。

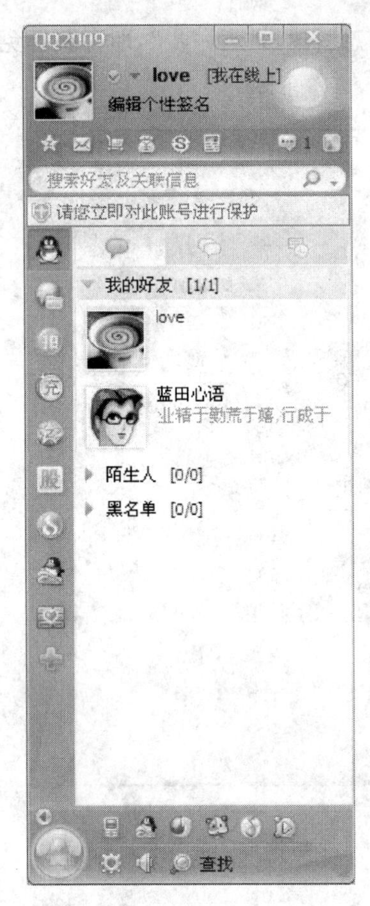

图 4-26 QQ2009 主界面

2. QQ 聊天与传送文件

QQ 支持在线添加好友，单击主界面下方的查找就可以添加好友。添加好友的方式有两种：一种可以输入对方账号进行精确查找；另一种输入想找好友的条件对 QQ 用户进行筛选，之后可以添加为好友。

QQ 还支持群聊天的方式，利用群查找可以加入特定群体，加入讨论。添加完好友之后，就可以同好朋友进行聊天了。在文字框中输入想要说的话，单击“发送”或直接使用“Ctrl+Enter”组合键就可以发送消息了。

QQ 的传送方法很简单，从 QQ 的主界面登录后，直接通过聊天界面进行文件传输。方法是双击你要联系的人，打开对话框，单击出现传送文件的对话框，按照向导找到要传送文件的存储位置，选中文件，单击“打开”，对方看到信息后按接收并保存到指定位置即可。但这种方法有个前提是对方必须在线，否则发送不成功。

3. QQ 邮箱

用户需要通过 QQ 号码激活 QQ 邮箱才能正常使用，免费邮箱需要激活才能够进行邮件的收发，用户可以登录 mail.qq.com 激活 QQ 邮箱，也可以单击 QQ 主界面信封图标直接进入 QQ 邮箱。可以将一封邮件最多发送给 20 个收件人，用户的电子邮件地址可以分布在“发给”、“抄送”和“密送”地址中。免费 QQ 邮箱系统存储量为 2 GB，普通邮件的附件大小限制也已提升到了 50 MB（群邮件附件依然限制为 2 MB）。QQ 邮箱新增手工方式免费扩容，有需要的用户可以单击邮箱首页下方的“免费手动扩容”。当邮箱实际使用量达到邮箱容量的 50%时，容量也会自动翻倍。安装了 QQ 的控件之后还可以发送惊人的 1 GB 的附件，其前提是收件箱同时也可以收大容量的附件。

4. 手机 QQ

手机 QQ 是腾讯公司专门为用户打造的随时随地聊 QQ 的手机即时通信软件，即使没有计算机照样可以跟好友聊天，语音视频，发图片，还能下载最新铃声和图片。

手机 QQ 跟计算机 QQ 互联，能显示全部 105 个系统 QQ 头像，96 个 QQ 图形表情，这使聊天更有乐趣。手机 QQ 还可显示最近联系人、陌生人和黑名单；还可进行在线添加好友，查看好友资料和 QQ 秀，保存聊天记录。还可个性化设置皮肤、声音，更改在线状态。对于智能手机还提供了传送文件的功能。手机 QQ 还可以发邮件，进行手机搜索，访问手机 Qzone，浏览手机腾讯网，……为您打造手机在线生活平台，畅享手机娱乐、聊天生活。手机QQ的网络运营商只收取GPRS流量费，却使用免费。

4.2.4　即时通信软件安全问题

目前，即时通信的安全威胁包括：ID被盗、隐私威胁、病毒威胁等。下面是即时通信用户应该遵循的一些安全准则，以保护自身的网络安全和隐私。

为了保证个人权益不受侵害，使用即时通信软件是一定要遵守以下安全准则：

(1) 不随意泄露即时通信的用户名和密码；

(2) 不在第三方网站登录网页版的即时通信软件；

(3) 定期更改密码；谨慎使用未经认证的即时通信插件；

(4) 在即时通信设置中开启文件自动传输病毒扫描选项；

(5) 不接收来历不明或可疑的文件和网址链接。

4.3　网络资源下载

用户上网时通常要从网上下载一些资料、图片和视频等文件，系统自带的下载工具往往不尽如人意，因此在下载网络资源时往往要求助于下载工具。下载工具是一种可以更快地从网上下载各种有用资料的软件。用下载工具下载之所以快是因为它们采用了"多点连接(分段下载)"技术，充分利用了网络上的多余带宽；采用"断点续传"技术，随时接续上次中止部位继续下载，有效避免了重复劳动，这大大节省了下载者的连线下载时间。目前我国比较流行的下载工具有以下几种：

Netants(网络蚂蚁)——国内老牌，逐渐失宠；

Flashget(网际快车)——经典之王，全球第一；

Net Transport(网络传送带)——首开国内影音流媒体下载之先河；

Thunder(迅雷)——后起之秀，霸气十足；

BitComet(BT) ——校园网(5Q网)，传递速度很快；

emule(电驴)——对ADSL而言传递速度比较快，设置了代理会更快；

下面以当前比较流行的下载工具——迅雷为例，介绍一下怎样利用下载工具来获得网络资源。

4.3.1　迅雷下载软件简介

迅雷使用的多资源超线程技术基于网格原理，能够将网络上存在的服务器和计算机资源进行有效的整合，构成独特的迅雷网络，通过迅雷网络各种数据文件能够以最快的速度进行传递。多资源超线程技术还具有互联网下载负载均衡功能，在不降低用户体验的前提下，迅雷网络可以对服务器资源进行均衡，有效降低了服务器负载。它的缺点之一是占内存空间较大。

这是因为为了更好地保护磁盘，一般用户会将迅雷配置中的“磁盘缓存”设置得很大，造成内存占用会很大。另一缺点是随着迅雷搭载太多广告，影响了用户的满意度。

目前迅雷主要提供三种类型的下载产品：迅雷5、WEB迅雷和迷你迅雷。

1. 迅雷5

迅雷5是一款新型的基于多资源超线程技术的下载软件。作为“宽带时期的下载工具”，迅雷5针对宽带用户做了特别的优化，能够充分利用宽带上网的特点，带给用户高速下载的全新体验。同时，迅雷推出了“智能下载”的全新理念，通过丰富的智能提示和帮助，让用户真正享受到下载的乐趣。

2. WEB迅雷

在迅雷5的基础上，迅雷公司在2006年5月份推出了WEB迅雷版本。随着迅雷版本的不断升级，将会继续推出迅雷6、迅雷7，WEB迅雷也会推出更多新版本。WEB版迅雷与迅雷5使用的是同一个下载内核，如果用户对下载要求比较简单，而且更习惯于传统的网页浏览形式。

3. 迷你迅雷

迷你迅雷是基于多资源超线程技术的迅雷软件系列的最新产品。其特点是简单、快捷、高速，在秉承了迅雷高速下载特点的同时，迷你迅雷使用了全新的界面，带给用户全新的下载体验。

4.3.2 使用迅雷下载文件

下面介绍一下怎样使用迅雷软件来下载文件，其操作步骤如下：

(1) 用户可以登录迅雷官方网站 http://www.xunlei.com/，并下载软件安装文件。下载并安装后，在桌面上单击迅雷快捷方式，出现如图4-27所示的迅雷窗口。

图4-27　迅雷程序下载窗口

(2) 利用迅雷网站提供的狗狗搜索,可以很方便地查找各类使用软件和影音资源。在迅雷软件的窗口——狗狗搜索文本框中单击,输入想要搜索的软件,例如“QQ”,则会弹出搜索结果页面,列出与QQ相关的所有搜索结果。将鼠标移动到要下载的链接上,鼠标指针会变成小手的形状,单击鼠标,浏览器会打开资源页面,在资源页面单击要下载的资源链接,如图4-28所示。

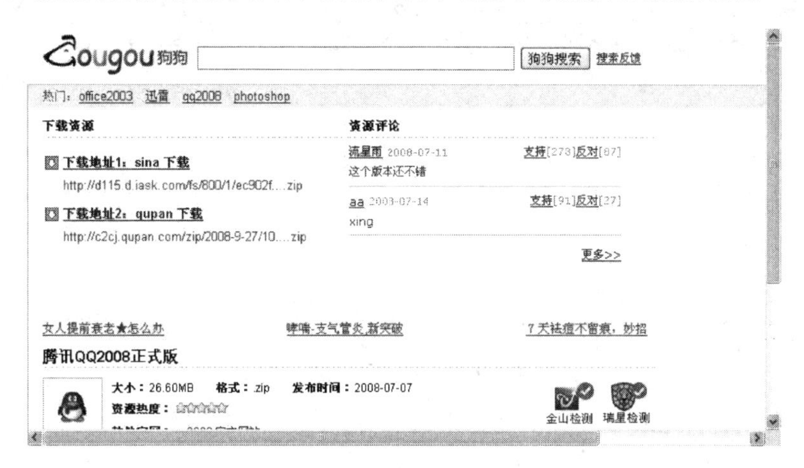

图4-28　资源页面

(3) 单击天空软件的链接,弹出迅雷软件下载界面,输入要存储的文件名字和保存路径,如图4-29所示。

图4-29　迅雷软件下载界面

(4) 单击“确定”按钮，文件开始下载，同时在主窗口显示文件的下载状态、名称、大小、下载速度及完成的百分比等信息。迅雷设置了悬浮窗，在主界面关闭程序后，在后台运行时显示下载的进度，如图 4－30 所示。

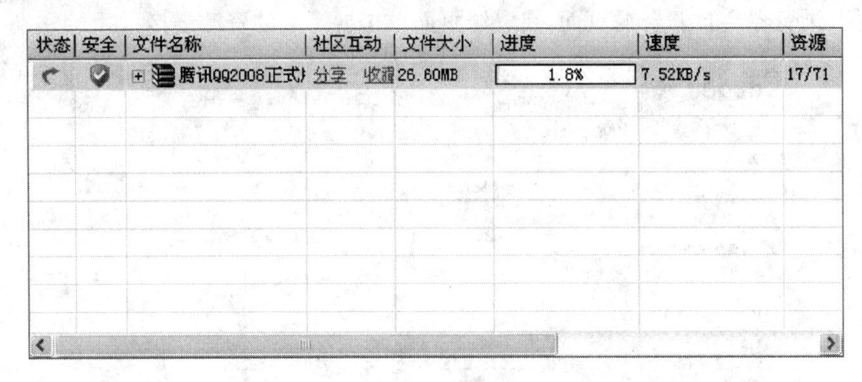

图 4－30 下载界面及悬浮窗

(5) 迅雷软件下载完成后会自动停止下载任务，主程序继续运行。在窗口“已下载”中可以打开下载文件，也可直接进入存储文件夹进行操作。

4.3.3 使用迅雷下载软件进行断点续传

(1) 如果在软件下载过程中，由于某种原因造成与因特网的连接中断，此时迅雷下载将会自动保存下载的进度，以便以后下载该文件时使用。用户可以在悬浮窗上面右击，选择“退出”按钮来中断下载。

(2) 重新启动迅雷下载软件。

(3) 打开“迅雷”主窗口，在主窗口中显示了已经停止或者出错的文件名。

(4) 选中需要续传的文件，单击鼠标右键，选择开始，即可续传此文件。

当该软件下载完毕后，在“迅雷” 窗口中，下载文件名会消失，表明此文件已下载完毕。

第5章　网络资源信息检索

21世纪是经济信息化、社会信息化的时代。人们正在步入一个知识经济时代和学习型的社会，终身教育、开放教育、能力导向成为教育理念的重要内涵。终身学习的前提是知道要学什么、怎么去学，而知识创新又要求创新者敏锐捕捉到国内外本领域的发展前沿。因此知识创新和终身学习的根本前提，或者说是21世纪现代化建设需要的新型人才，最首要的是要具备一定的信息素养和信息能力，这是许多发达国家对于21世界新型人才的一项基本要求。信息素养是一个带根本性的、重要的教育议题，这一素养的形成和深化从某种程度决定着国民素质，制约着生产力的向前发展。美国从小学、中学到大学都已全面将信息素养纳入正式的课程设置中。国务院在1999年召开的第三次全国教育工作会议上，做出了"深化教育改革全面推进素质教育的决定"。在素质教育中，信息素质是一种综合的、在未来社会具有重要独特作用的基本素质，是当代大学生素质结构的基本内容之一。

面对海量的信息，怎样做到"沙里淘金"，也就是如何才能找到自己需要的信息，即信息检索，是培养信息素养的关键一步。德国柏林图书馆门前有这样一段话："这里是知识的宝库，你若掌握了它的钥匙，这里的全部知识都是属于你的。"这里所说的"钥匙"即是指信息检索的方法。信息检索在科学研究工作中具有以下三方面作用：

信息检索是进行科学研究的利器。市场环境下，要求培养具备一定理论素养的创新型人才，传统的知识型研究人员已经不能满足改革开放环境下对于人才的要求。具备这些能力的人才首先需要具备自学能力和独立的研究能力。"授之以鱼，不若授人以渔"，面对前人积累下来的科技知识和每天都在更新的数据库，掌握了信息检索的方法便可以无师自通。对于未知世界的探索，需要人们在掌握坚实的基础知识和专业知识的基础上，能够利用信息检索这一有利武器，吸收和利用大量新的知识，创造出更辉煌的成绩。

信息检索可以使得研究过程少走或不走弯路。在科学研究工作中，研究人员选定的任何一个课题，不论工程的还是理论的，首先都要对它进行论证，从选题、试验直到出成果，每一个环节都离不开信息。研究人员在选题开始就必须进行信息检索，了解别人在该项目上已经做了哪些工作，哪些工作目前正在做，谁在做，进展情况如何等。科学技术发展的连续性和继承性的特点，决定了闭门造车只会重复别人的劳动或者走弯路。只有在前人研究成果的基础上进行再创造，避免重复研究，才能在科学研究的路上少走或不走弯路。

信息检索可以大大节省研究人员的时间。科学技术的迅猛发展加速了信息的增长，加重了信息用户搜集信息的负担。许多研究人员在承接某个课题之后，也意识到应该查找资料，但是他们以为整天泡在图书馆"普查"一次信息就是信息检索,结果浪费了许多时间,而有价值的信息没有查到几篇,查全率非常低。信息检索是研究工作的基础和必要环节,成功的信息检索无疑会节省研究人员的大量时间,使其能用更多的时间和精力进行科学研究。

5.1 数字图书馆

5.1.1 图书馆公共可检索目录

数字图书馆(digital library)是用数字技术处理和存储各种图文并茂文献的图书馆,实质上是一种多媒体制作的分布式信息系统。它把各种不同载体、不同地理位置的信息资源用数字技术存储,以便于跨越区域、面向对象的网络查询和传播。它涉及信息资源加工、存储、检索、传输和利用的全过程。

传统图书馆收集、存储并重新组织信息,使读者能方便地查到所想要的信息,同时跟踪读者使用情况,以保护信息提供者的权益。从数字图书馆角度来看,就是收集或创建数字化馆藏,把各种文献替换成计算机能识别的二进制系列图像。在安全保护、访问许可和记账服务等完善的权限处理之下,经授权的信息利用因特网的发布技术,实现全球共享。数字图书馆的建立将使人们在任何时间和地点通过网络获取所需的信息变为现实,大大地促进资源的共享与利用。

"数字图书馆"从概念上讲可以理解为两个范畴:数字化图书馆和数字图书馆系统,涉及两个工作内容:一是将纸质图书转化为电子版的数字图书;二是电子版图书的存储,交换,流通。因特网在数字图书馆的建设当中起到了重要的媒介作用,当前,全世界已有 600 多个公共图书馆和大学图书馆以及 400 多个学术机构将自己的图书馆联机馆藏目录通过因特网对外公开。传统的图书馆目录已经发展为"联机图书馆公共可检索目录"即:online public access catalog - OPAC。

5.1.2 中国高等教育文献保障系统

中国高等教育文献保障系统(China academic library & information system,简称 CALIS),是经国务院批准的我国高等教育"211 工程""九五""十五"总体规划中三个公共服务体系之一。CALIS 的宗旨是,在教育部的领导下,把国家的投资、现代图书馆理念、先进的技术手段、高校丰富的文献资源和人力资源整合起来,建设以中国高等教育数字图书馆为核心的教育文献联合保障体系,实现信息资源共建、共知、共享,以发挥最大的社会效益和经济效益,为中国的高等教育服务。

CALIS 管理中心设在北京大学,下设了文理、工程、农学、医学四个全国文献信息服务中心,华东(北)、华东(南)、华中、华南、西北、西南、东北七个地区文献信息服务中心和一个东北地区国防文献信息服务中心。CALIS 为广域网环境下的文献信息资源实现共享服务系统。CALIS 服务主要功能有以下几种:

① 查询功能；
② 馆际互借；
③ 电子资源导航；
④ 协调成员馆的书刊采购，编制联机目录；

中国高等教育文献保障系统网址为 http://www.calis.edu.cn，如图 5－1 所示。

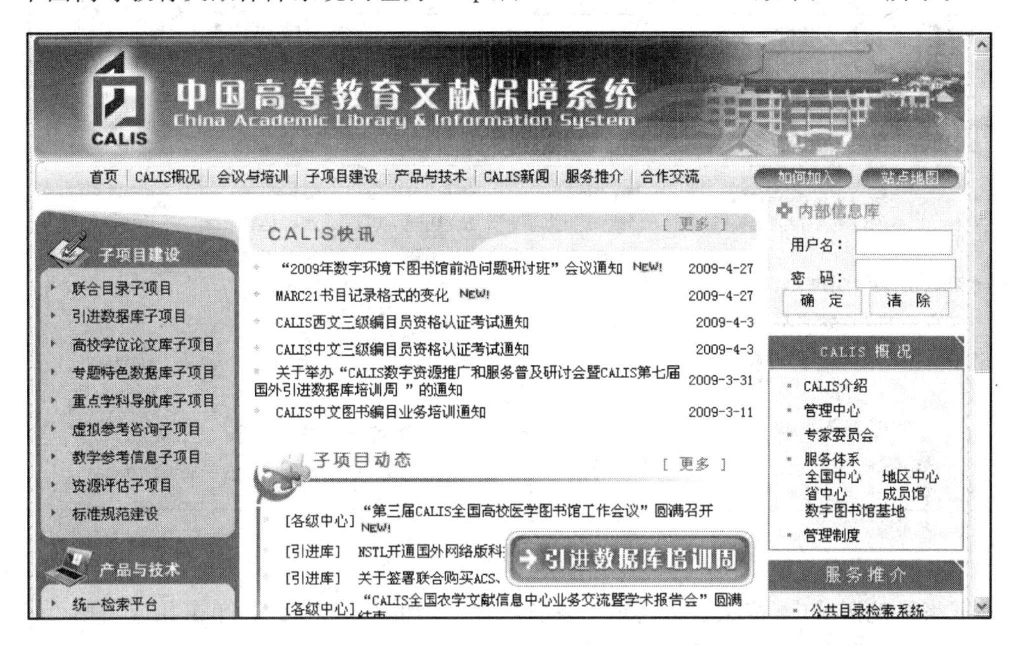

图 5－1　中国高等教育文献主页

5.1.3　网上图书馆

我国许多高校图书馆也将本校的馆藏资源整理并推出了网上图书馆，学校网上图书馆网址为 http://lib.hebut.edu.cn/，登录网上图书馆可以进行资料查询、电子资源检索、读者服务和了解图书馆概况等操作。网上图书馆主界面如图 5－2 所示。

读者可以在计算中心机房任意微机登录图书馆主页，可以享受网上图书馆的各种服务。进入图书馆概况页面，可以对于图书馆的组织机构、开放时间、馆藏分布和各项规章制度有一个初步的了解，为更好地利用图书馆进行学习和研究提供保障。图书馆将所有馆藏资源目录输入数据库，资料查询服务为读者提供馆藏书刊、学位论文、音像资料和各种报纸目录的查询，使读者能够快速准确地找到相应的资料。图书馆为每位读者建立了电子账户，记录了读者借阅书籍的情况。读者可以根据借阅证的账户和密码登录系统，办理书籍的预约登记，对于自己当前借阅图书情况进行查询和维护，办理书籍的续借手续。图书馆现已订购了包括 EI 数据库、SDOS 全文数据库、PQDD 博硕士论文库、ACM 全文数据库、中国学术期刊全文数据库、WorldSciNet 数据库、中国博硕士论文数据库等在内的国内外数字化文献数据 18 个，同学可以在校园网 IP 范围内检索使用这些数据库的资源。

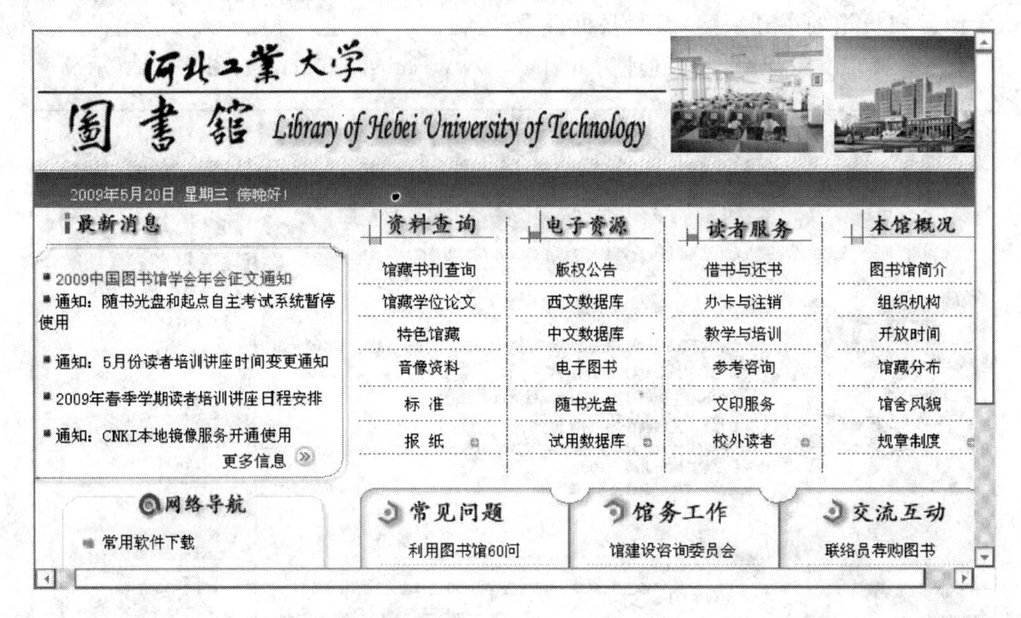

图 5-2 网上图书馆主页

在网络导航区域中，按照省份列出了各省已经上网的图书馆列表，单击相应名称可到达相应数字图书馆页面，如图 5-3 所示。

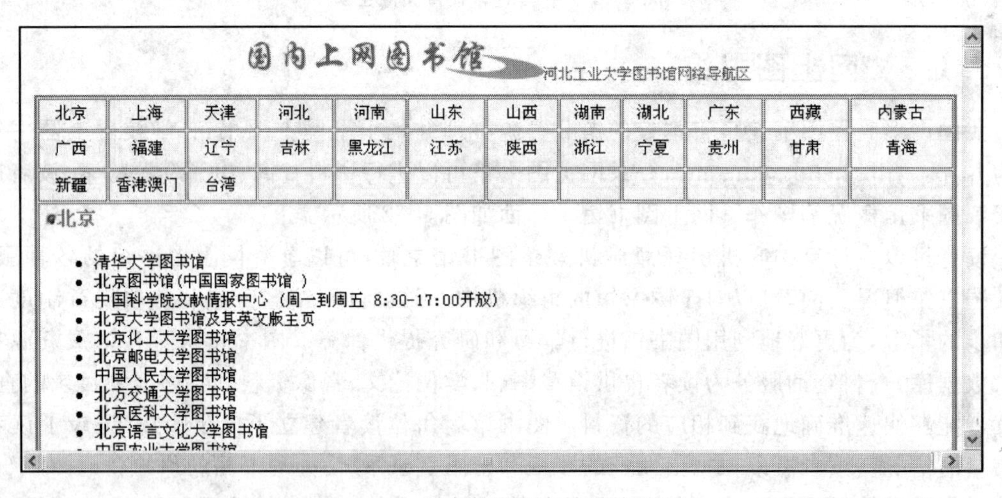

图 5-3 国内数字图书馆导航页面

5.2　国外网络数据库网介绍

5.2.1　国外数据库

1. 美国 ACM 全文数据库

美国计算机学会 ACM(association for computing machinery)是全球历史最悠久和最大的计算机教育和科研机构。ACM 创立于 1947 年，目前向 100 多个国家提供服务，80 000 多位专业人士注册为该机构会员。ACM 于 1999 年起开始向用户提供电子数据库服务——ACM digital library 全文数据库。ACM 收录全文期刊 87 种，会议录近 170 种，近 7 万篇科技期刊和会议录的全文文章，与 ACM 文章关联的大约 50 万篇参考文献，其中 20 万篇文献著录项目较为详细，5 万篇可以链接全文，系统还提供被引文献和相关文献的链接。ACM 在国内网址为 http://acm. lib. tsinghua. edu. cn，其主页如图 5－4 所示。

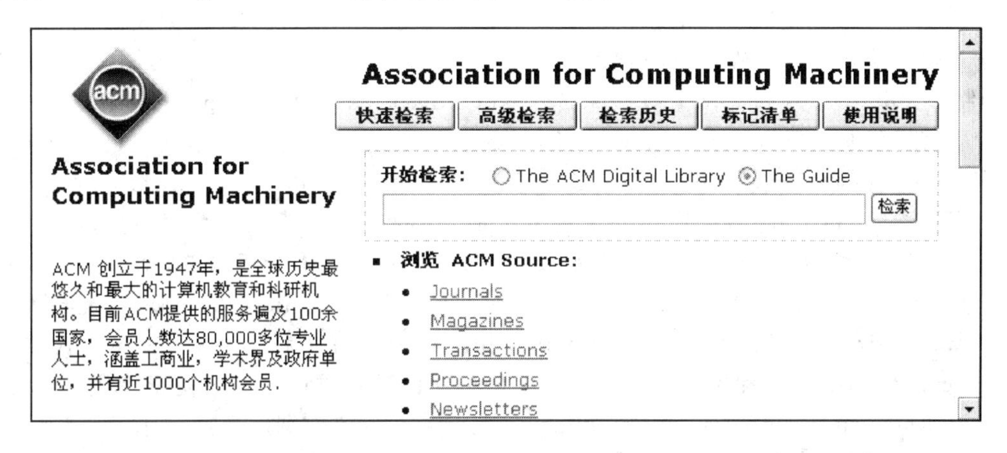

图 5－4　美国 ACM 全文数据库

2. IEEE /IEE Eiectronic Library

IEEE(the institute of electrical and electronics engineers)即美国电气与电子工程学会，学会成立的目的在于为电气电子方面的科学家、工程师、制造商提供国际联络交流的场合，为他们交流信息，并提供专业教育和提高专业能力的服务。该组织在太空、计算机、电信、生物医学、电力及消费性电子产品等领域中都是主要的权威。IEE(the institute of electrical engineers)英国电气工程学会，IEEE/IEE Eiectronic Library 是这两个学术组织出版的期刊，是一个覆盖多种工程学科领域的全文数据库。IEEE 网址为 http://www. ieeexplore. ieee. org/Xplore/guesthome. jsp，如图 5－5 所示。

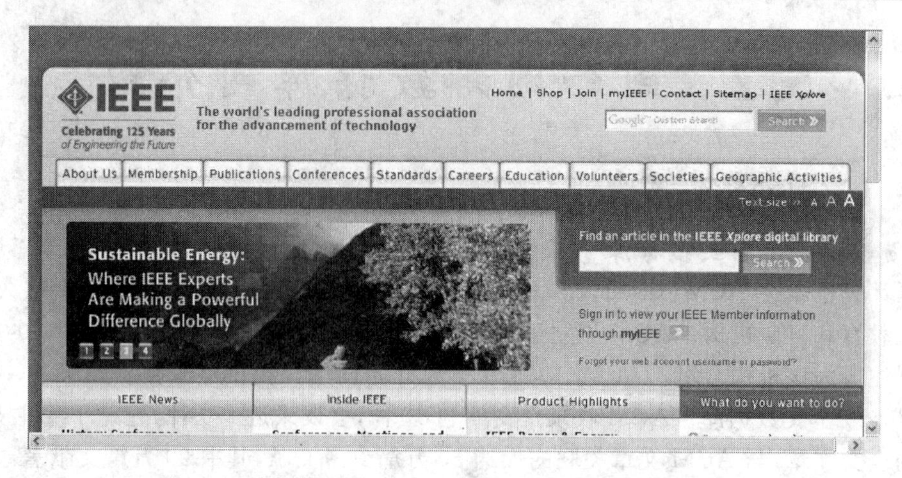

图 5-5 美国电气与电子工程学会主页

3. Springer Link 全文数据库

Springer Link 是德国著名的科技出版集团施普林格(Springer - Verlag)发行电子图书并提供学术期刊检索服务。施普林格出版集团在全球出版发行 530 余种各类期刊,并将其中 498 种制作为电子版,通过其网上数据库 Springer Link 供用户检索。SpringerLink 电子期刊全文库中大部分期刊都是被 SCI、EI 和 SSCI 收录的核心期刊,是进行科学研究的重要的参考数据库,科研人员可以全文下载,文件格式一般为 PDF 格式,单击“open fulltext”就可以全文下载文章。Springer Link 数据库所提供的电子期刊涉及 11 个学科门类,分别为:生命科学 life science(134 种)、化学 chemical sciences(52 种)、地球科学 geoscience(61 种)、计算机科学 computer science(49 种)、数学 mathematics(80 种)、医学 medicine(221 种)、物理与天文学 physics and astronomy(58 种)、工程学 engineering(61 种)、环境科学 environmental(42 种)、经济学 economics(32 种)和法律 law(12 种)等国内访问该数据库的方式是镜像服务器方式,用户可以通过 http://springer. lib. tsinghua. edu. cn 来访问该数据库主页,如图 5-6 所示。

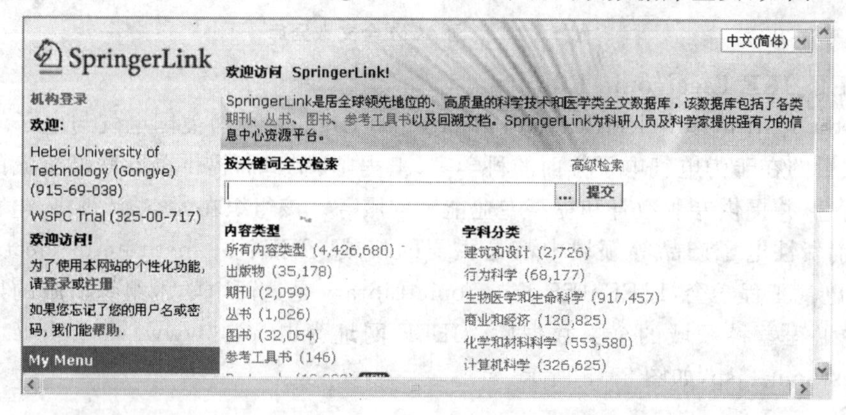

图 5-6 Springer LINK 电子期刊

4. 美国 UMI 博士论文全文数据库

美国 UMI 公司是全球最大的信息存储和发行商之一，也是美国学术界著名的出版商，它向全球 160 多个国家提供信息服务，内容涉及商业管理、社会科学、人文科学、新闻、科学与技术、医药、金融与税务等。ProQuest Digital Dissertation(PQDD)是该公司出版的硕士、博士论文数据库，收录了欧美、加拿大等 1 000 余所大学的 170 余万篇学位论文，是目前世界上最大和使用最广泛的学位论文数据库，专业范围覆盖了理工、农学、医学、人文、社科等各个领域。数据库将论文按学科进行分类，共分为十一个大类，每一个大类下分设小类逐级展开，读者可以按学科专业进行检索，也可以根据摘要、作者、论文名称和出版区间等关键词来精确检索。校内 IP 用户可通过 CALIS 镜像站点直接进入数据库，网址为 http://proquest.calis.edu.cn/umi/index.jsp，图 5-7 为检索入口主页。

图 5-7　PQDD 检索入口主页

5. EI

EI 是美国工程信息公司(engineering information Inc.)出版的著名工程技术类综合性检索工具。EI 选用世界上工程技术类几十个国家和地区 15 个语种的 3 500 余种期刊和 1 000 余种会议录、科技报告、标准、图书等出版物，年报道文献量 16 万余条。收录文献几乎涉及工程技术各个领域，例如：动力、电工、电子、自动控制、矿冶、金属工艺、机械制造、土建、水利等。它具有综合性强、资料来源广、地理覆盖面广、报道量大、报道质量高、权威性强等特点。EI Compendex Web 是《工程索引》(The Engineering Index)的 Internet 网络版，网络版的 EI

Compendex Web 也是文摘性的检索数据库，收录了世界上 50 多个国家的 20 多种语种的 5 100多种工程类期刊中的技术论文、会议论文和技术报告，其收录文献的专业范围几乎覆盖了所有工程技术领域。

网络版 EI Compendex Web 一般可提供一年 365 天、每天 24 小时全天候的检索服务。国内用户检索 EI Compendex Web 的主要途径在美国工程信息公司的网站上。用户提供一个 30 天的免费注册检索服务，用户只要登录该网站并进行注册，就可以享受之一时间段的免费服务。EI Compendex Web 包括了 EI Compendex 和 EI Page One 两个部分，一次便可以检索 10 年的内容。该数据库每年新增 50 万条工程类文献。其数据来自 5 100 种工程期刊、会议文集和技术报告，其中 2 600 种有文摘(EI Compendex 部分)。20 世纪 90 年代以后，该数据库新增了 2 500 种文献来源，图 5-8 为 EI 主页。

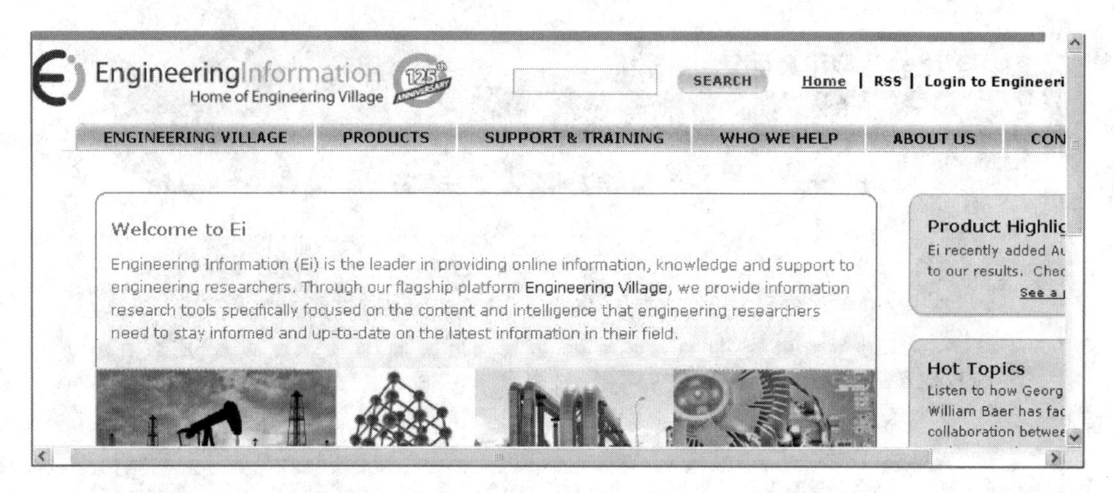

图 5-8 EI 主页

EI Village 是以 EI CompendexWeb 为核心数据库，将世界范围内的工程信息资源组织、筛选、集成在一起，向用户提供“一步到位”的便捷式服务。Compendex 是目前全球最全面的工程领域二次文献数据库，侧重提供应用科学和工程领域的文摘索引信息，涉及核技术、生物工程、交通运输、化学和工艺工程、照明和光学技术、农业工程和食品技术、计算机和数据处理、应用物理、电子和通信、控制工程、土木工程、机械工程、材料工程、石油、宇航、汽车工程以及这些领域的子学科。该数据库每年新增 500 000 条工程类文献，数据来自 5 100 种工程类期刊、会议论文和技术报告，其中 2 600 种有文摘，可在网上检索 1884 年至今的文献并且数据库每周更新数据。因此，EI Village 是工程文献数据库中的首选数据库网站。EI Village 除收录 EI Compendex Web 数据库外，还包括：Inspec、ENGnetBASE、patents(又包括 USPTO Patents 和 esp@cenet)、Techstreet 和 Scirus。网址为 http://www.engineeringvillage2.org.cn/，如

图 5－9 所示。

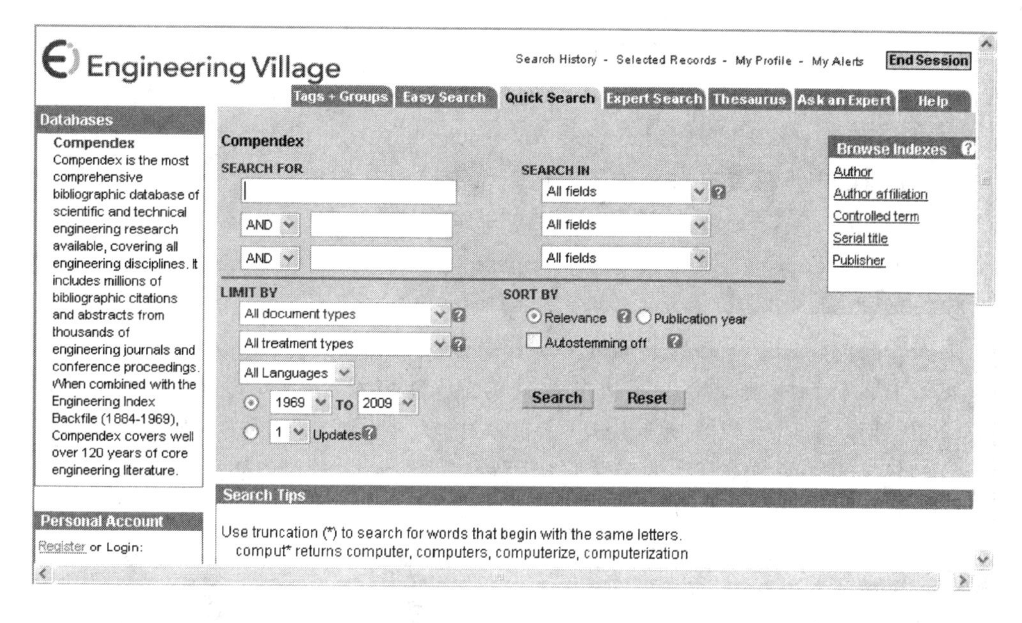

图 5－9　EI Village 主页

6. CALIS 的 Uncover

Uncover 数据库是当前世界上规模最大、内容更新最快的期刊数据库之一，是由 CALIS（中国高等教育文献保障系统）引进美国 CARL（colorado alliance of research libraries）公司的一个网上英文期刊数据库。其宗旨是提供期刊文献资料的各种信息产品和服务，目标是为那些以期刊为手段获得信息的用户提供及时、全面、而且效果显著的联机检索服务。到目前为止，该库收录了 18 000 多种期刊，拥有期刊文章索引（或文摘）880 多万篇，并且还在以每天 5 000篇的速度不断扩充。在 Uncover 数据库中，期刊文章进入数据库的时间与期刊递送到当地图书馆或期刊发售点的时间只迟两天，基本保持同步。Uncover 数据库覆盖了多个学科主题，在该库收录的 18 000 多种期刊中，大约有 51％属于科学、技术、医学和农林，40％属于社会科学、政法、商业，9％为艺术和人文科学。

Uncover 按照 CALIS 的要求特别设计出“CALIS UnCover”的用户界面，并输入 CALIS 的 61 个成员馆的西文期刊馆藏目录及所在院校校园网的 IP 地址范围。凡 CALIS 成员馆的用户均可在校园网上通过“CALIS Uncover”网关直接检索其数据库并通过图书馆向 Uncover 订购文章，如所需文章收录在 CALIS 成员馆的馆藏期刊中，则该系统的 SUMO 无中介补遗订购（subsidized unMediated ordring）功能会自动取消读者的订购，读者可通过馆际互借来解决。Uncover 为用户提供选中期刊（最多可选 50 种）的最新一期目次信息，同时还可以按关键词为用户提供最新文献信息（最多可提 25 个关键词）。这项服务以一周为期，将期刊目次提示发送到用户的电子邮件信箱,用户可以通过 CALIS 的馆际互借服务或所在图书馆向 Uncover 订购文章。原文传递服务与“CALIS UnCover Gateway”和“最新文献报道”服务配套,Uncover 以优惠价格向 CALIS 的用户提供原文传递服务。

Uncover 系统提供四种检索方式:关键词检索(keyword search)、刊名浏览检索(title browse search)、著者姓名检索(name or author search)和所有索引字段检索(all indexes search),用户也可以进行组合检索和截词检索。无论使用关键词检索、著者姓名检索或刊名浏览检索,只要检索完毕,系统首先显示检索结果的简要信息,单击相应文章即可阅读文章全文。网址为 http://calispku.library.ingentaconnect.com/。

7. 专利数据库

(1) 美国专利数据库 美国专利商标局提供有关专利和商标信息以及专利和商标的免费检索。美国专利商标局网站可检索 1976 年以来的全文本以及 1790 年以来的授权专利的映像文件。从 2001 年 3 月 15 日以来所有公开(未授权)的美国专利申请说明书扫描图形数据库数据每周公开美国专利为全文本 Html 和图形版两种格式。美国专利局的网址为 http://www.uspto.gov/,如图 5-10 所示。

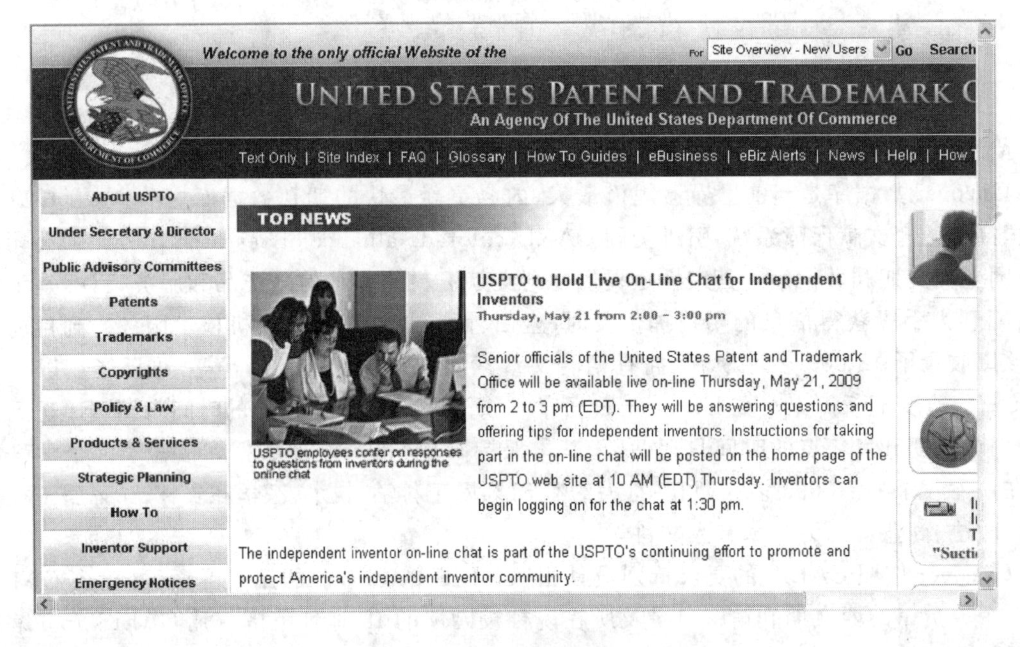

图 5-10 美国专利数据库主页

(2) 欧洲专利局信息网(esp@cenet) 欧洲专利局信息网是由欧洲专利局、欧洲专利组织成员国及欧洲委员会合作推出的一项网上专利信息查询服务平台。该数据库可以免费查询世界上 50 多个国家的专利文献信息,不同的原文语种的专利申请,在该数据库中以统一的语种英语进行检索。esp@cent 世界专利库中加拿大专利著录数据的覆盖年代从 1970 年开始建立的专利英语摘要库，在多数情况下申请的提交和处理都是由单一的主管机关或专利局完成的，因而节省了时间和费用，如通过欧洲专利局的 esp@cent 系统查询而有了很大改观。网址为 http://www.espacenet.com/如图 5－11 所示。

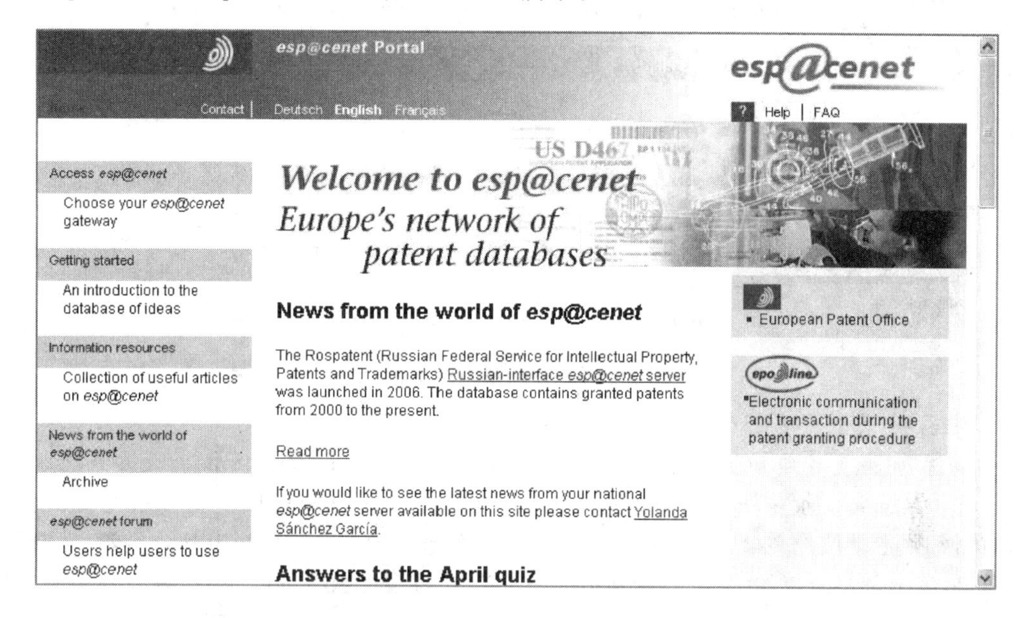

图 5－11　欧洲专利局信息网主页

5.2.2　国内数据库简介

1. 中国期刊网

中国期刊网是由(China national knowledge infrastructure，简称 CNKI)教育部主管、清华大学主办的我国最大的全文现刊数据库，是目前世界上最大的连续动态更新的中国期刊全文数据库。收录自 1994 年至今约 7 486 种期刊全文，并对其中部分重要刊物回溯至 1979 年。至 2005 年 12 月 31 日，累积期刊全文文献 1 670 多万篇。产品分为十大专辑：理工 A、理工 B、理工 C、农业、医药卫生、文史哲、政治军事与法律、教育与社会科学综合、电子技术与信息科学、经济与管理。各专辑分为若干专题，共 168 个专题。CNKI 中心网站及数据库交换服务中心每日更新，各镜像站点通过互联网或卫星传送数据可实现每日更新，专辑光盘每月更新，专题光盘年度更新。中国知网网址为 http://www.edu.cnki.net/，图 5－12 为中国期刊网首页，在校园网 IP 段内可使用该网文献检索服务。登录主页面后，首先在数据库列表中选择需要检索的数据库，然后输入用户名：dx0122，密码：hbgydx。另外，某些文献需要 Acrobat Reader 或者全文浏览器(CajViewer7.0.2_OCR)可从图书馆主页 http://lib.hebut.edu.cn/

软件下载页面直接下载。

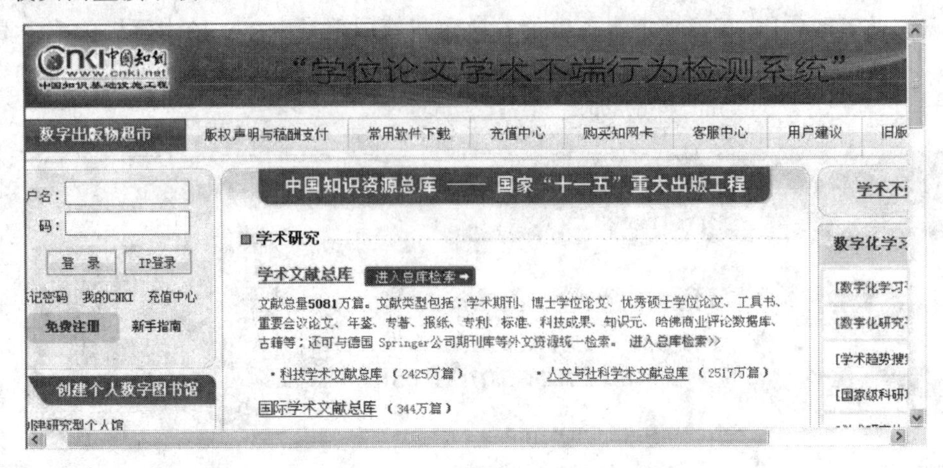

图 5-12　中国期刊网主页

2. 中国优秀博、硕士学位论文全文数据库

《中国优秀博、硕士学位论文全文数据库》(China doctoral dissertations & master's theses full-text databases,简写为 CDMD)是 CNKI 系列产品之一,是目前国内资源最完备、收录质量最高的博、硕士学位论文全文数据库。数据库几乎覆盖了理工、农林、医卫社会科学,精选收录全国近 300 家博硕士授权的 17 528 篇学位论文全文,并将全文数据随时更新,以后每年增加博、硕士论文 20 000 册。数据库分成 9 大专辑,122 个专题数据库,目前已经完成 2000—2001 年的 30 000 册论文的加工。CDMD 有 4 个突出的特点:首创,海量,全文,日更新。用户可在图书馆中文数据库链接中单击中国优秀博、硕士学位论文全文数据库进入检索界面,如图 5-13所示。

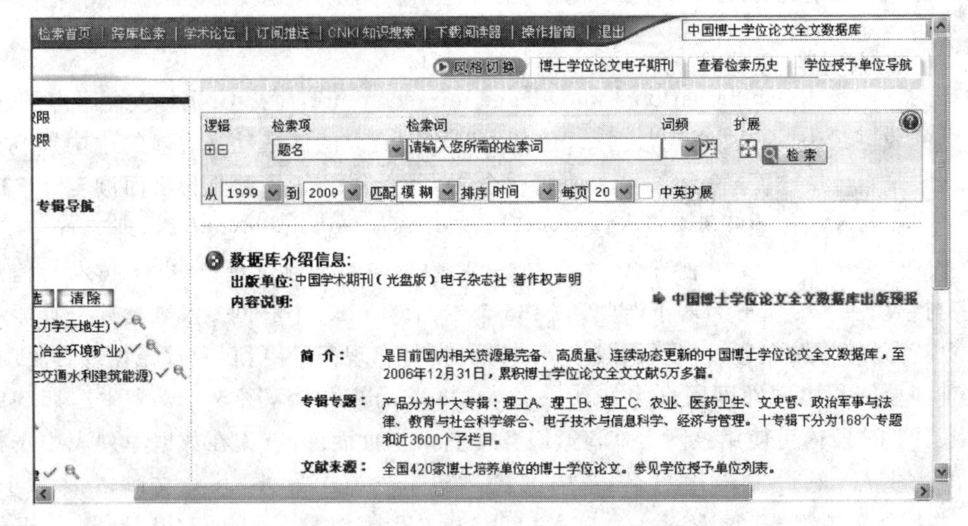

图 5-13　中国优秀博、硕士学位论文全文数据库

3. 中国重要会议论文库

中国重要会议论文库(CACP)是中国科技信息研究所编辑出版的文献型数据库。中国科技信息研究所从 1985 年开始至今,搜集和整理国家二级以上学会、协会举办的重要学术会议、高校重要学术会议、在国内召开的国际会议上发表的学术会议论文。论文涵盖了自然科学、工程技术、工业、农业等多个领域。中国学术会议论文全文数据库提供了多种访问全文的途径:按会议分类浏览、会议论文库检索、会议名录检索。自 2000 年以来,国家二级以上学会、协会、高等院校、科研院所、学术机构等单位的整理出版的论文集每年更新约 100 000 篇文章。至 2005 年 10 月止,累积会议论文全文文献近 34 万篇。中国重要会议论文库网址:http://www.dl.cnki.net/,如图 5-14 所示。

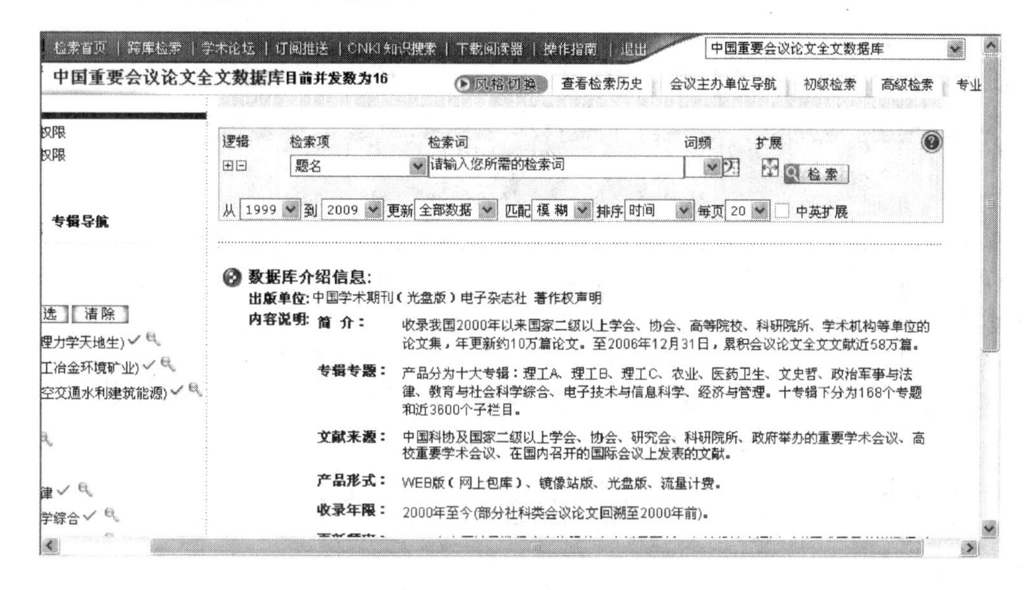

图 5-14　中国重要会议论文库

4. 万方数据资源系统

万方数据库资源系统(Chinainfo)是由中国科学技术信息研究所与万方数据集团公司共同开发的大型中文网络信息资源系统。万方数据资源系统是一个以科技信息为主,集经济、金融、社会、文化、教育、卫生等各行业信息于一体,以因特网为网络平台的现代化、网络化的信息服务系统。它包括 120 余个数据库。数据库归属 9 个类别,内容涉及自然科学和社会科学各个专业领域。收录范围包括期刊、会议、文献、题录、报告、论文、标准专利、连续出版物、工具书、最新科技成果,称得上是一个拥有海量信息的中文信息检索系统。万方数据库资源系统主页页面中有 25 个大类的数据库资源。用户可根据网站授权的用户 ID 和密码获得检索全部字段的权利。非授权用户也可以进行查找和浏览,只是显示的内容不同,仅有题名、关键词和分类号。万方数据库资源系统网址为 http://www.wanfangdata.com.cn/，如图 5-15 所示。

简体中文 | 繁體中文 | English
学术期刊 | 学位论文 | 学术会议 | 专利 | 成果 | 标准
登录 | 免费注册 | 我的服
万方数据
WANFANG DATA 知识服务平台
学术论文 期刊 | 学位 | 会议 | 专利 | 标准 | 成果 | 法规 | 企业
万方数据知识服务平
October 07, 2008]
检索 高级检索 帮助
搜索期刊、学位、会议、外文期刊、外文会议等学术论文... 更多...
学术论文 共22种学科分类
马克思主义、列宁主义、毛泽东思想、邓小平理论 | 哲学、宗教 | 综合性图书
自然科学总论 | 数理科学和化学 | 天文学、地球科学 | 生物科学 | 医学、卫生 | 农业科学 | 工业技术 | 交通运输 | 航空、航天 | 环境科学、
社会科学总论 | 政治、法律 | 军事 | 经济 | 文化、科学、教育、体育 | 语言、文字 | 文学 | 艺术 | 历史、地理

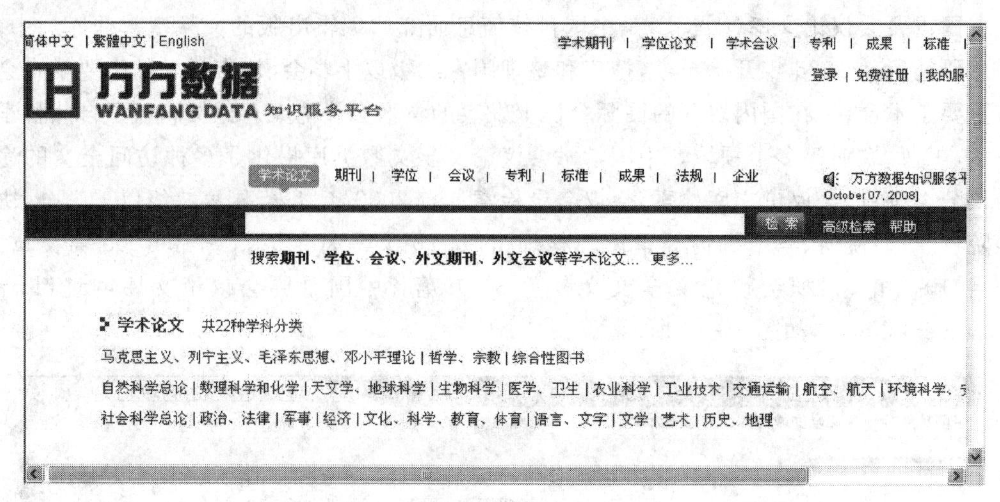

图 5-15 万方数据库资源系统

数字化期刊是“万方数据库资源系统”的重要组成部分，作为国家“九五”重要科技攻关项目，目前已集成了 5 大类 70 多个类目 3 500 种学术期刊全文网上期刊。其网址为：http://c.wanfangdata.com.cn/periodical.aspx，如图 5-16 所示。

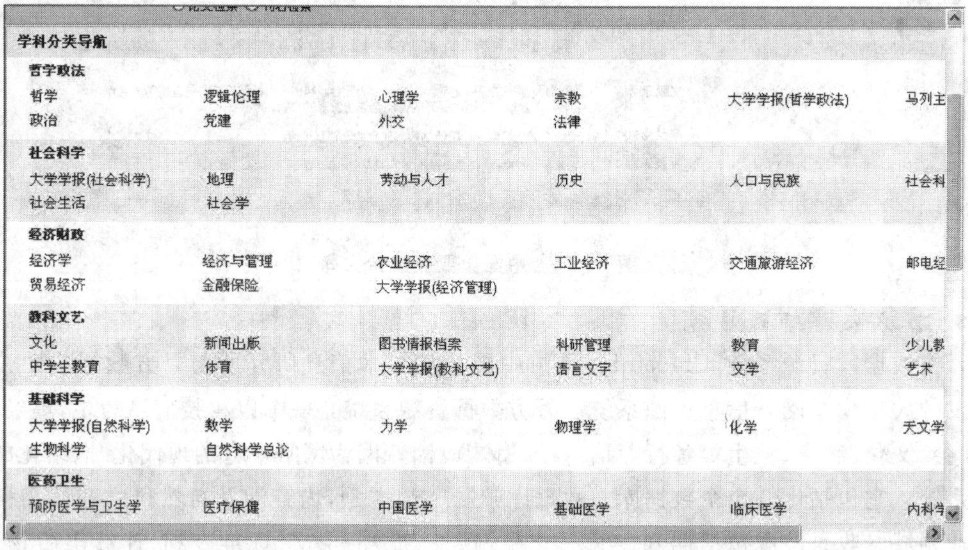

学科分类导航
哲学政法
哲学 逻辑伦理 心理学 宗教 大学学报(哲学政法) 马列主
政治 党建 外交 法律
社会科学
大学学报(社会科学) 地理 劳动与人才 历史 人口与民族 社会科
社会生活 社会学
经济财政
经济学 经济与管理 农业经济 工业经济 交通旅游经济 邮电经
贸易经济 金融保险 大学学报(经济管理)
教科文艺
文化 新闻出版 图书情报档案 科研管理 教育 少儿教
中学生教育 体育 大学学报(教科文艺) 语言文字 文学 艺术
基础科学
大学学报(自然科学) 数学 力学 物理学 化学 天文学
生物科学 自然科学总论
医药卫生
预防医学与卫生学 医疗保健 中国医学 基础医学 临床医学 内科学

图 5-16 万方数据库资源系统数字化期刊检索主页

5. CALIS 高校学位论文数据库

CALIS 高校学位论文数据库子项目的建设目的是在“九五”期间建设的博、硕士学位论文

文摘数据库基础上，建设一个集中检索、分布式全文获取服务的 CALIS 高校博、硕士学位论文文摘与全文数据库。中文学位论文通过网上直接采集电子文本的方式，逐年累积，到 2005 年计划收集 10 万篇；另外通过集团采购补贴的方式，与高校图书馆与公共馆、情报所等合作，按篇选择购买国外电子版博、硕士学位论文，集中存放在 CALIS 的全文服务器中。高校学位论文数据库收录包括北京大学、清华大学等全国著名大学在内的 83 个 CALIS 成员馆的硕士、博士学位论文，到目前为止收录加工数据 70 000 条。进入 CALIS 主页，在主页中选择“高校学位论文库子项目”，单击其右面的“Search”图标，这样就可以进入高校学位论文数据库的主页了。网址为 http://opac.calis.edu.cn/simpleSearch.do，如图 5－17 所示。

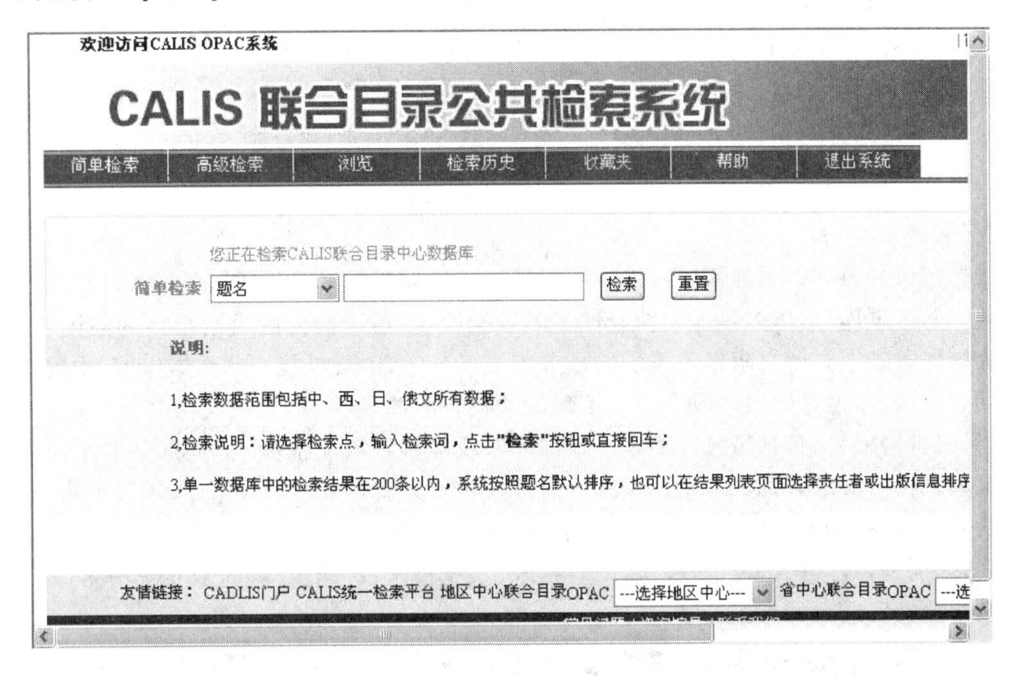

图 5－17　高校学位论文数据库

6. 中国年鉴全文数据库

《中国年鉴全文数据库》(China yearbook full－text database，简称 CYFD)是全系统集成整合我国年鉴资源的全文数据库，年鉴是系统汇集上一年度重要的文献信息，逐年连续出版的资料性工具书。其收录范围是以上一年度为主，把有关的资料文献尽可能全面收集，着重反映一年来的新动态、新经验、新成果。覆盖范围：基本国情、政治军事、法制、经济、农业、工业、社会科学工作与成果、科技工作与成果、教育、文化体育、医疗卫生。在校园网 IP 范围内，在图书馆中文电子资源中直接单击库检索列表中的“中国年鉴全文数据库”，进入数据库界面，网址为 http://lsg.cnki.net/grid20/Navigator.aspx? id=7，如图 5－18 所示。

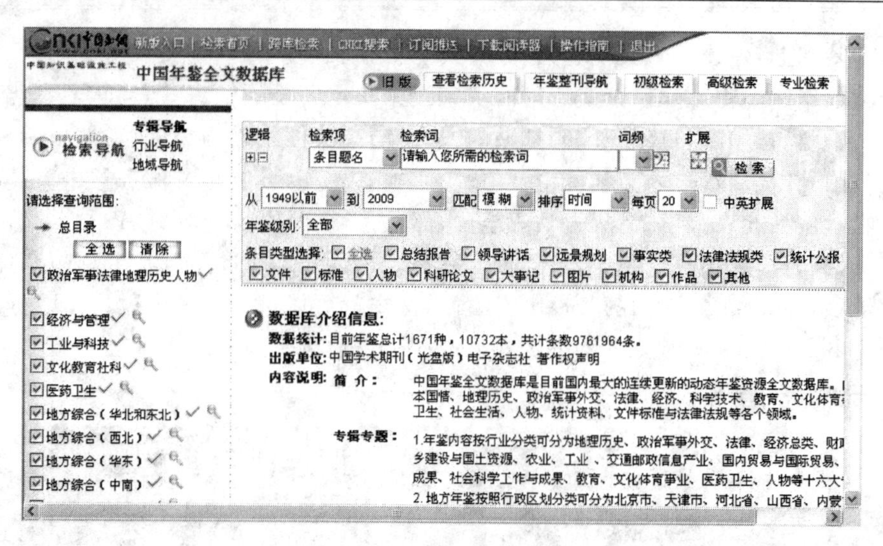

图 5-18 中国年鉴全文数据库

7. 维普资讯网

维普资讯是科学技术部西南信息中心下属的一家大型的专业化数据公司，研究开发的《中国科技期刊数据库》是国内最大的综合性文献数据库，赢得了国内图书情报界的高度赞誉，同时成为国内各省市高校文献保障系统的重要组成部分。《中文科技期刊数据库》是中国最大的数字期刊数据库，是我国网络数字图书馆建设的核心资源之一，广泛被我国高等院校、公共图书馆、科研机构所采用，是高校图书馆文献保障系统的重要组成部分，也是科研工作者进行科技查证和科技查新的必备数据库。它是目前国内科技类期刊最全的数据库，收录了从1989年以来的自然科学工程技术及部分社会科学领域的中文期刊12 000种左右。该数据库共分5个系列，分别是：自然科学、石油科学、工业技术、农业科学、医药卫生，这其中又分36个专辑。专业文章检索网址为 http://oldweb.cqvip.com/，如图5-19所示。

图 5-19 维普资讯网检索主页

8. 中文专利检索数据库

（1）中国专利信息网中国专利数据库　中国专利信息网是由国家知识产权局检索咨询中心与长通飞华信息技术有限公司共同开发创建和维护的。收录了中国学术期刊（光盘版）电子杂志社出版的所有源数据库产品的参考文献，并揭示各种类型文献之间的相互引证关系。它不仅可以为科学研究提供新的交流模式，同时也可以作为一种有效的科学管理及评价工具。截至 2006 年 2 月，累计链接被引文献达 330 余万篇中国学术期刊（光盘版）电子杂志社出版的所有源数据库产品的参考文献。中国专利文摘数据库文摘包含了中国专利局自 1985 年 4 月以来，公布的所有发明专利和实用新型专利文摘的海量信息。该数据库是前面提到的中国基础设施工程（CNKI）的一个重要组成部分。图 5－20 所示为中国专利信息网主页，网址为 http://www.patent.com.cn。

图 5－20　中国专利信息网中国专利数据库

（2）北京经济信息网中国专利文摘数据库　北京经济信息网（免费文摘）中国专利文摘数据库包含了中国专利局自 1985 年 9 月 10 日至 2002 年 3 月底为止，公布的所有发明专利和实用新型专利的申请。失效专利文摘数据库可检索到已经失效而可被公众无偿使用的中国专利等。其网址为 http://www.beic.gov.cn/patent，如图 5－21 所示。

中国专利文摘数据库由北京经济信息网为用户提供检索服务，它包含了自 1985 年以来中国专利局公布的所有发明专利和实用新型专利的信息。

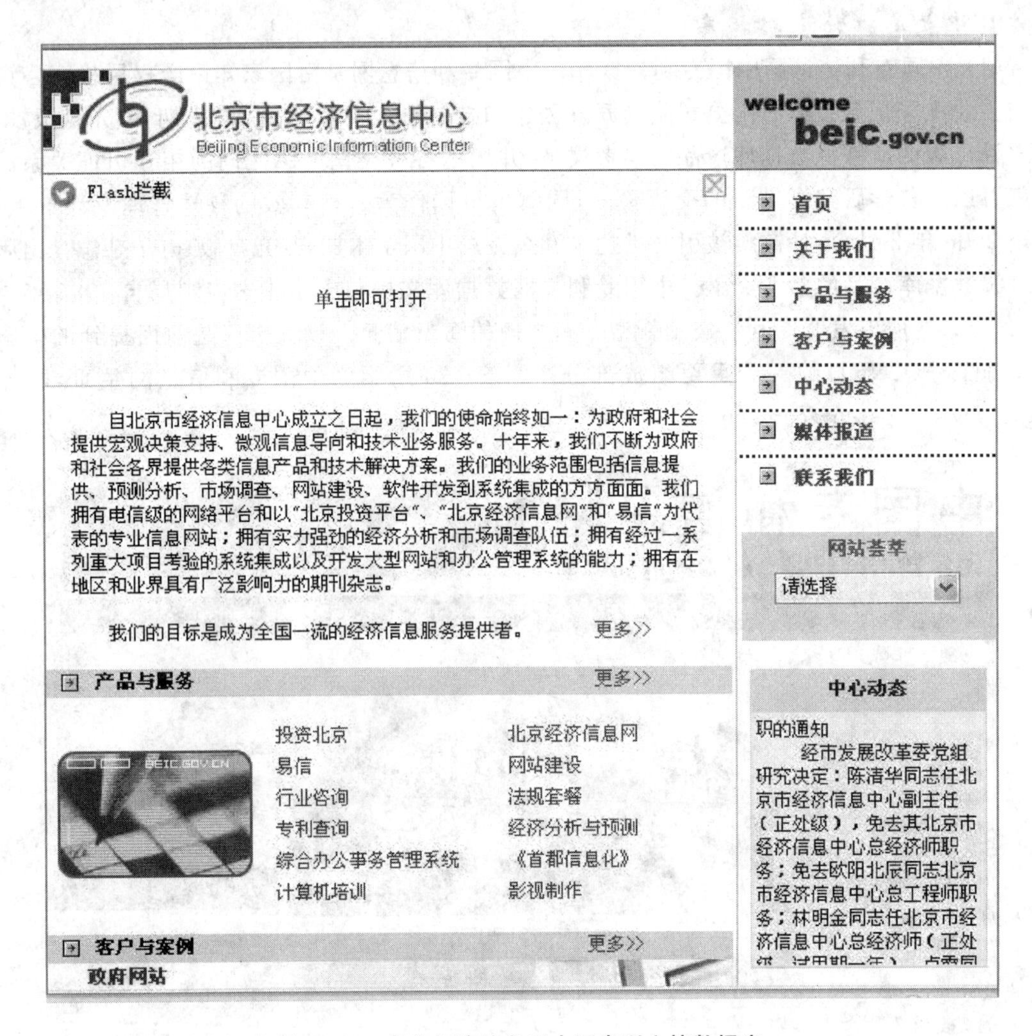

图 5-21 北京经济信息网中国专利文摘数据库

5.3 网上书店

网上书店，顾名思义，网站式的书店。电子商务的不断完善和发展，使得网上书店成为可能。网上书店向人们提供了一种高质量、更快捷、更方便的购书方式。网上书店不仅可用于图书的在线销售，也有音碟、影碟的在线销售。而且网站式书店对图书的管理更加合理化、信息化。售书的同时还具有书籍类商品管理、购物车、订单管理、会员管理等功能，非常灵活的网站内容和文章管理功能。中国最大的网上书店具有 40 万种现货图书，本节将介绍一些国内外著名的网上书店。

1. 互动出版网

China－pub(互动出版网)是由专业出版公司着手创办的从事专业出版物服务与开发的网站。网站一直与国内外著名出版公司通力合作，共同发展。网站的主要合作方为机械工业出版社华章公司。该公司是国内优秀科技出版社之一，从事计算机、经济管理、外语书等专业图书的策划、编辑和出版的经营公司。目前公司出版的计算机图书和经济管理类图书无论是品质还是销售业绩均已位居行业前列。网站在全国开通了 114 个货到付款城市，把目标定位在不断的进取、发展、提高上。对于校园网用户，网站还提供免费送书的优惠。互动出版网网址为 http://www.china－pub.com/，图 5－22 为互动出版网主页。

图 5－22　互动出版网主页

2. 当当网上书店

当当网(www.dangdang.com)是全球最大的综合性中文网上购物商城，当当网上书店是全球最大的中文网上书店，在库图书超过 40 万种。目前当当网有超过 4 000 万的注册用户(含大陆、港、澳、台和国外)，遍及全国 32 个省、市、自治区和直辖市。每天有上万人在当当网买东西，每月有 2 000 万人在当当网浏览各类信息。该书店网址为 HTTP://WWW.dangdang.com/，如图 5－23 所示。

3. 卓越亚马逊网上书店

亚马逊网上书店成立于 1995 年，是全球电子商务的成功代表。在亚马逊网站上读者可以买到近 150 万种英文图书、音乐和影视节目。卓越亚马逊成立于 2000 年，为客户提供各类图书、音像、软件、玩具礼品、百货等商品。卓越总部设在北京，并成立了上海和广州分公司，至今已经成为中国网上零售的领先者。2004 年 8 月亚马逊全资收购卓越亚马逊，组建卓越亚马逊网上书店。卓越亚马逊网上书店网页如图 5－24 所示。

图 5-23　当当网上书店

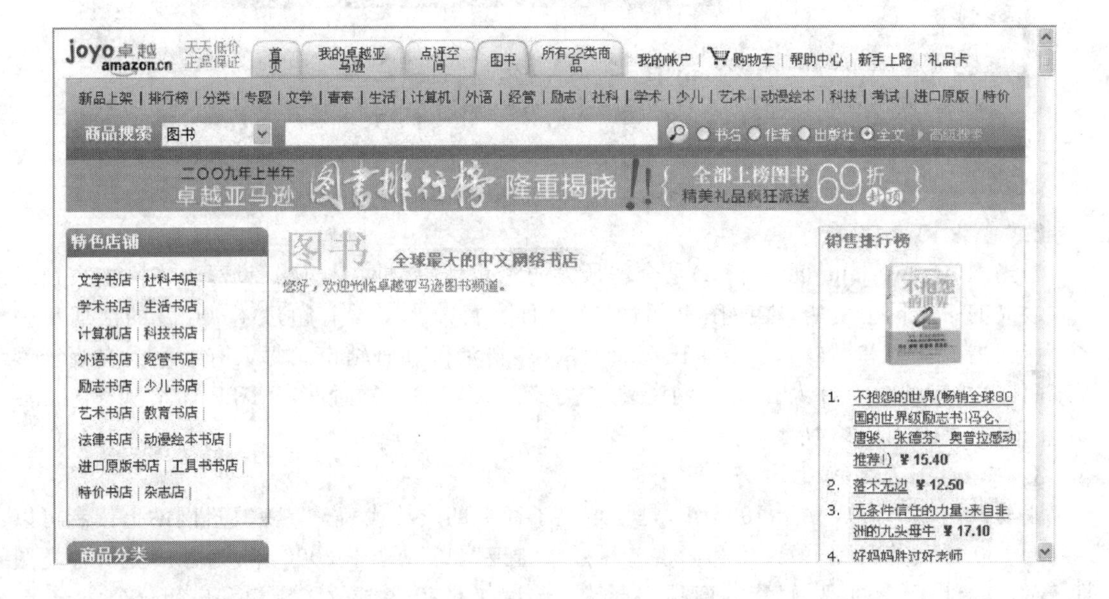

图 5-24　卓越亚马逊网上书店

4. 龙源书店

龙源书店是由龙源有限公司在因特网上开通的网上书店，它主要以北美和中国为基础，面向全球的中文图书期刊服务系统，其总部设在加拿大的多伦多，是目前全球最大的中文网上书店，在北京和旧金山都设有分部。网址 http://cn.qikan.com 龙源书店主页如图 5-25 所示。

图 5-25　龙源书店主页

5.4　因特网信息搜索

因特网信息资源浩如烟海，各种网站、网页和各类资源纷繁复杂，整个因特网就是一个充满信息的海洋。人们上网漫游的目的不只是简单的漫游，而与他人交流、获取信息资源已经逐渐成为上网的主要目的。但是面对因特网上各种资源，人们往往有一种无从下手的感觉。这就需要在因特网上掌握一种检索信息的手段，通过特定的检索工具获得想要的信息，这种工具就是人们所说的搜索引擎。

5.4.1　搜索引擎

怎样才能快速找到自己需要的信息，充分利用网上资源，一种方法是对于网上所有信息类似于图书馆藏书那样，建立目录索引，通过索引快速找到信息。信息可以分为几个大类，比如新闻、军事、IT、体育、科技、房产等，大类之中又可以分出若干子类，这样一级一级直到最终的信息资源。通过这一设想，互联网上出现了一种网站，专门进行信息搜集、向用户提供搜索服务，这就是搜索引擎。搜索引擎从最初的 FTP 资源搜索，Yahoo 搜索到今天占据主导地位的 Google 和中文最大的搜索引擎 Baidu，历经近 20 年的发展，已经成为人们上网的必备工具。

简单来说，搜索引擎(search engine)是指根据一定的策略、运用特定的计算机程序搜集互联网上的信息，在对信息进行组织和处理后，为用户提供检索服务的系统。从工作原理来说，搜索引擎工作原理都要经历以下三个阶段。

1. 抓取网页

每个独立的搜索引擎都有自己的网页抓取程序(spider)。spider顺着网页中的超链接，连续地抓取网页。被抓取的网页称为网页快照。由于互联网中超链接的应用很普遍，理论上讲，从一定范围的网页出发，就能搜集到绝大多数的网页。

2. 处理网页

搜索引擎抓到网页后，还要做大量的处理工作，才能提供检索服务。其中，最重要的就是提取关键词，建立索引文件。其他还包括去除重复网页、分析超链接、计算网页的重要度。

3. 提供检索服务

用户输入关键词进行检索，搜索引擎从索引数据库中找到匹配该关键词的网页；为了用户便于判断，除了网页标题和URL外，还会提供一段来自网页的摘要以及其他信息。

5.4.2 国内外综合性搜索引擎

1. Baidu——最大中文搜索引擎

Baidu百度(www.baidu.com)是全球最大的中文搜索引擎，2000年1月由李彦宏、徐勇两人创立于北京中关村，致力于向人们提供"简单、可依赖"的信息获取方式。"百度"二字源于中国宋朝词人辛弃疾的《青玉案》诗句："众里寻他千百度"，象征着百度对中文信息检索技术的执著追求。百度以自身的核心技术"超链分析"为基础，提供的搜索服务体验赢得了广大用户的喜爱；超链分析就是通过分析链接网站的多少来评价被链接的网站质量，这保证了用户在百度搜索时，越受用户欢迎的内容排名越靠前。百度总裁李彦宏就是超链分析专利的唯一持有人，目前该技术已为世界各大搜索引擎普遍采用。百度拥有全球最大的中文网页库，目前收录中文网页已超过12亿，这些网页的数量每天正以千万级的速度在增长；同时，百度在中国各地分布的服务器，能直接从最近的服务器上，把所搜索信息返回给当地用户，使用户享受极快的搜索传输速度。百度还为各类企业提供软件、竞价排名以及关联广告等服务，为企业提供一个获得潜在消费者的营销平台，也为大型企业和政府机构提供海量信息检索与管理方案。百度的主要商业模式为竞价排名(P4P，Pay for Performance)，即为一种按效果付费的网络推广方式，该服务为广大中小企业进行网络营销提供了较佳的发展机会，但同时也引起了一些争议；有人认为该服务会影响用户体验。百度目前提供网页搜索、MP3搜索、图片搜索、新闻搜索、百度贴吧、百度知道、搜索风云榜、硬盘搜索、百度百科等主要产品和服务，同时也提供多项满足用户更加细分需求的搜索服务，如地图搜索、地区搜索、国学搜索、黄页搜索、文档搜索、邮编搜索、政府网站搜索、教育网站搜索、邮件新闻订阅、WAP贴吧、手机搜索(与Nokia合作)等服务；同时，百度还在个人服务领域提供了包括百度影视、百度传情、手机娱乐等服务。baidu

网址为 www.baidu.com，主页如图5-26所示。

图5-26　百度主页

百度国学搜索："百度国学"作为全球第一个国学搜索频道，免费为广大用户提供国学相关信息的特色搜索服务，提供高品质的古代文化典籍在线搜索及阅读功能。目前，"百度国学"资源囊括10多万网页，140 000 000文字，内容经过精心校勘，收录大部分上起先秦、下至清末两千多年的以汉字为载体的历代典籍，内容涉及经、史、子、集各部。更多的资源还在不断地增加和更新中。百度致力于和世界最为优秀的中国古籍电子化企业合作，打造一流的国学网络应用平台。百度国学搜索，尽览传统文化精华。网址为 guoxue.baidu.com，网页主页如图5-27所示。

图5-27　Baidu国学搜索主页

2. Google搜索

Google是目前因特网上发展最迅速，使用最广泛的搜索引擎。Google搜索拥有一个庞大的数据库，存储大量的网址，包括教育、社会、新闻、商业、艺术等众多领域。为了方便使用不同语言的用户，Google还提供了很多语言的搜索网页，在访问其主页时系统会自动根据系统语言而转向相应的页面。目前Google又将搜索的范围再度扩大，它除了能进行普通的网络搜索外,还推出了一个新型桌面搜索工具的初级版本,用户可以通过一款名为"Google Desktop"的软件去搜索本地计算机硬盘中的信息,从而将桌面搜索同网络搜索集成在一起。进入这个主页下载名为"Google Desktop"的软件,该程序的安装过程非常简单。不过它只能安装在系统所在分区中,并且要求系统分区至少有 1 GB 的剩余空间,否则便会出现提示无法安装的警示框。不要担心它会真正占用 1 GB 的空间,其实只是占用了不到 2 MB 的空间而已。安装后便会自动建立一个文件索引,双击生成桌面上的快捷方式,即可调用程序生成在本机上的网页,在浏览器中打开搜索页面。在搜索文本框中输入搜索关键词,单击"Search Desktop"按钮,则可以搜索本机硬盘中的信息,搜索本地计算机硬盘中的信息网址为 desktop. Google. cn。而单击"Search the Web"按钮,便可直接连接到互联网去进行搜索。网址为 www. google. cn/, Google 搜索主页如图 5-28 所示。

图 5-28 Google 搜索主页

Google 学术搜索:Google 学术搜索可以帮助用户快速寻找学术资料,如专家评审文献、论文、书籍、预印本、摘要以及技术报告。Google 学术搜索在索引中涵盖了来自多方面的信息,除可以搜索外文文献信息外,中文资源包括万方数据资源系统、维普资讯,和大学发表的学术期刊、公开的学术期刊、中国大学的论文以及网上可以搜索到的各类文章。Google Scholar 同时提供了中文版界面,供中国用户可方便地搜索全球的学术科研信息。Google 学术搜索的网址:scholar. google. com,学术搜索主页如图 5-29 所示。

图 5-29 google 学术搜索

3. 北大天网

天网搜索引擎是北京大学计算机系开发的WWW资源检索系统，是北大学生比较常用的中文搜索引擎。项目完全运行在linux平台上，以C/C++为主要开发语言。它具有良好的查询系统，即分简单查询和复杂查询以及为全球提供多语言智能检索，用户可以用任何语言进行搜索信息。北大天网还可以完成FTP上的文件搜索功能，其网址为bingle.pku.edu.cn，天网搜索主页如图5-30所示。

图5-30 天网搜索主页

文件搜索是基于文件存储在WEB中链接的搜索，目前天网提供的文件搜索主要是FTP搜索。互联网用户可以通过天网文件搜索快速、准确、全面地在Internet海量WEB资源中得到自己需要的文件链接的检索服务。通过该服务用户可以查看文件的文件全名、创建日期、文件大小，网页快照、原始地址。目前，天网搜索引擎维护的文档数量已达6亿之多，并正在以平均每月一千万页文档的数量增加着。如今，天网搜索的文档数量超过3亿，其中包括了html、txt、pdf、doc、ps、ppt等多种类型的文档和网页资源。天网已经从基础网页搜索、搜索内容的目录分类和强大的FTP服务器文件搜索，到互联网WEB信息博物馆，建成了搜索向多元化发展的基础平台。在天网首页输入框输入待查询的文件名，可以包含“*”号(通配所有字符)、“?”号(通配一个字符)和空格(表示几个查询的“并集”)。单击“搜索FTP文件”，即得到查询结果。天网提供从常用到复杂查询的一系列功能，能有效满足不同用户的搜索需求。天网网址为http://file.pku.edu.cn。

5.4.3 专用搜索引擎

上面介绍的几种搜索引擎几乎可以查询到因特网上的所有信息，可以说功能全面且强大。另外还有一种搜索引擎为特定的用户提供具有特色的搜索服务，这种引擎在功能上比较单一，这就是专用搜索引擎。

1. 域名搜索引擎

负责因特网域名注册的国际机构称为Internic。该机构维护一个Whois数据库，记录所有二级域名的详细资料。在该网站主页上，用户可以通过 Whois 数据库查询到二级域名，即.com、.net 结尾的注册情况。域名搜索引擎网址为 www.internic.com，网页主页如图 5－31 所示。

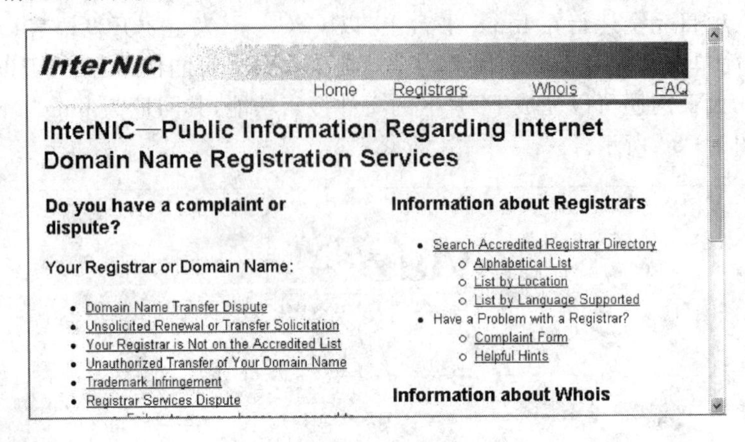

图 5－31 域名搜索引擎

中国互联网信息中心 CNNIC 是负责因特网域名注册的机构。该网站上有一个很有名的域名搜索引擎，通过使用该网站上 Whois 的数据库，可以查询.edu、.cn 以外的所有以.cn 结尾的域名情况。中国互联网信息中心网址为 www.cnnic.net.cn/index.htm，主页如图 5－32 所示。

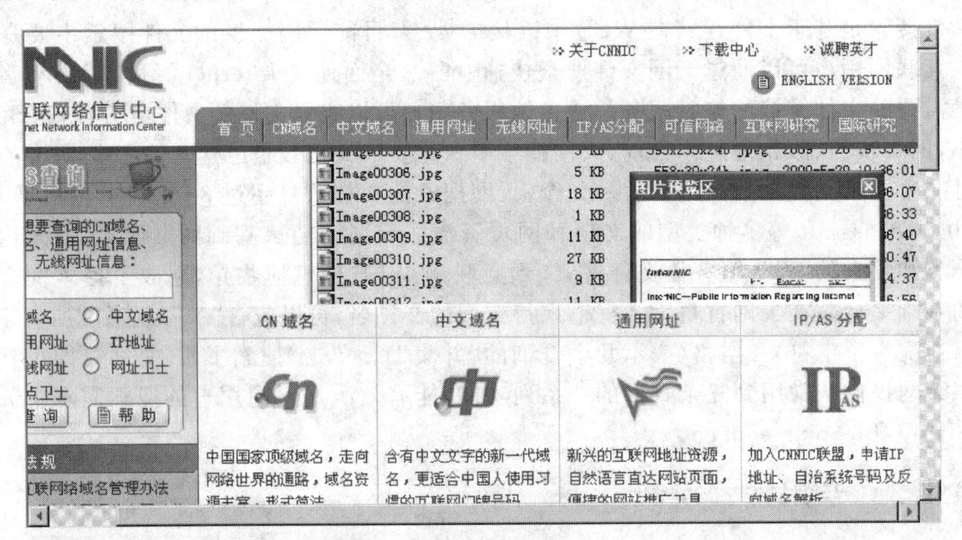

图 5－32 中国互联网信息中心

2. 网址搜索引擎

使用域名搜索引擎中的 Whois 数据库可以确切的查询到域名的情况，但有时候所查到的网址太长不便人们记忆，往往只记得其中的一部分。此时可以使用 Websitez 这样的网址搜索引擎查找具体的网络地址。这一搜索引擎能够以.com、.net、和.edu 等结尾的超过 100 万个以上的域名地址，可以帮助用户很快的在与所要查询的域名地址相似的范围中快速找到所要的内容，搜索的结果包括正在使用的域名和相关公司的信息。网址搜索的地址为 www.websitez.com，网站主页如图 5－33 所示。

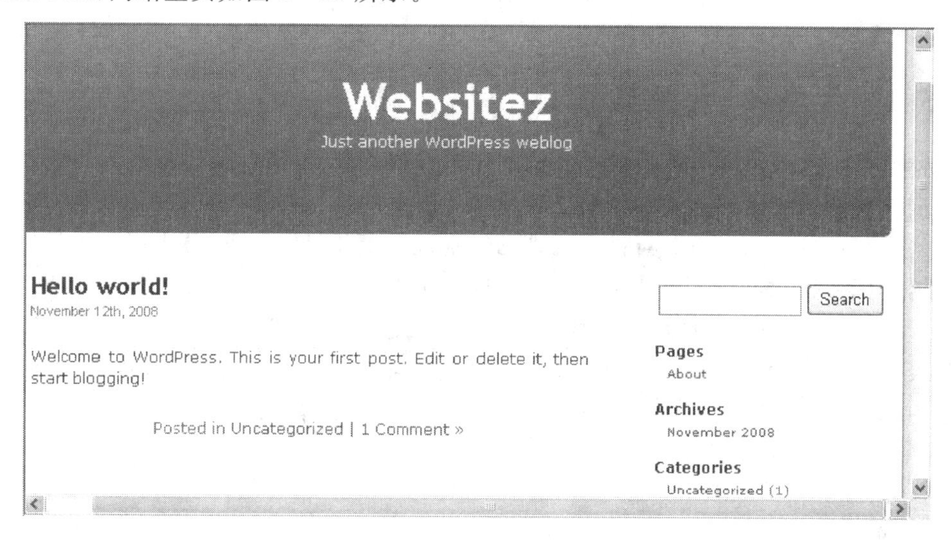

图 5－33　网址搜索

3. 主机名搜索引擎

通常情况下，域名比 IP 地址容易记忆，但如果只记得 IP 地址只能用主机的计算机名来搜索引擎了。主机名搜索引擎网址为 http://www.mit.edu.8001 网页主页如图 5－34 所示。

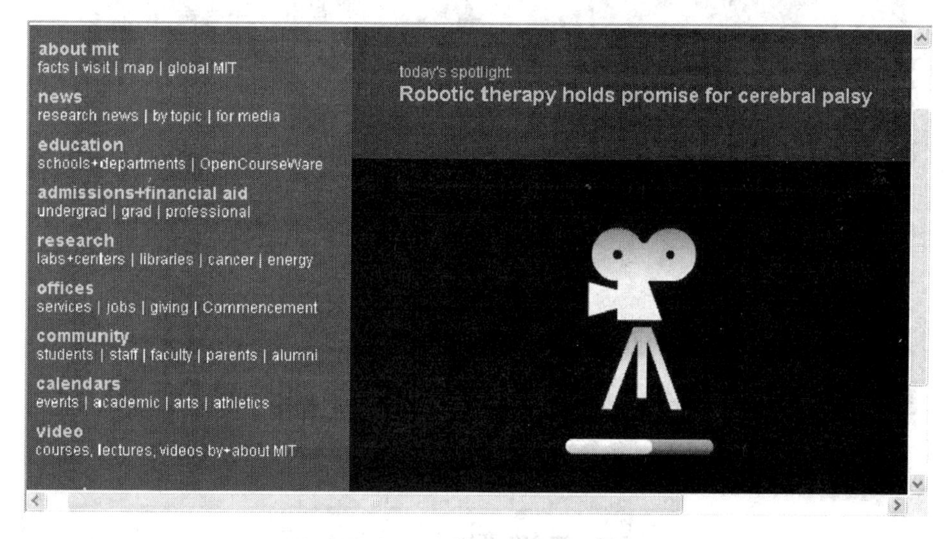

图 5－34　主机名搜索引擎

随着各种网络服务或资源的不断涌现，一些专用、特殊的网络服务也在各种服务器中得以应用，并提供简单的搜索引擎，这越来越方便了大家的使用。

5.5 学习网址

5.5.1 大学四、六级英语

大学英语四、六级及考研英语既是公认的全国性权威英语考试，又是年轻人突破英语学习障碍、走向成功的三级阶梯。这些词语已跻身现代语汇的高频词行列，引起无数莘莘学子的巨大关注。大学英语四、六级考试自推出以来已经走过了十几年的路程，几乎成为大学生学习英语的标准，全国各大学也将其与学位挂钩。另据一项调查资料显示：四、六级考试已经成了学生们的一块心病，有 40.3%的大学生很担心自己无法通过英语四级考试。迄今为止始终坚持四、六级及考研的目的是检查及衡量在校大学生的英语等级水平。大学生在线四、六级英语网站，能及时提供四、六级考试模拟题，语句、语法、词汇和写作等。四、六级考试网址为 http://www.dastu.com 网页如图 5－35 所示。

图 5－35 大学生在线四、六级英语主页

5.5.2　名校研究生论坛网

近几年来，研究生热已经日益成为一种现象，在大学校园里总能看到埋头苦读的莘莘学子。怎么样提高考研的成功率，怎样获得有用考试信息，无疑是考研成功的关键一环，这里只介绍一个专业考研论坛，网址为 http://bbs.kaoyan.com，网主页如图 5－36 所示。该论坛提供往届免费考研试题，专业课咨询，名校专业试题和交流如何考取研究生的体会和经验，还交流名校硕士研究生复试经验等。

图 5－36　考研论坛主页

中国知识网也针对研究生考试和学习建立了对应的网站，链接为 http://cgkn.chinajournal.net.cn/china_graduate/index.htm。在研究生论坛的基础上，宣传学术动态、课程辅导、外语教育、人文素质教育，宣传研究生导师及其科研成果以及推动学科交流间和对外学术交流的平台，如图 5－37 所示。

图 5－37　研究生网主页

第6章 河北省计算机基础测试系统

随着计算机的普及，办公自动化已成为未来办公的发展趋势。通过计算机文化基础课程的学习，使大学生能够了解计算机的基础知识和基本理论，掌握计算机的基本操作和网络的使用方法。河北省计算机基础测试系统旨在对于大学生计算机应用水平进行评定，通过数年来的实践已经逐渐成熟。河北省计算机基础模拟考试系统可安装在 Windows 2000 操作系统下运行。该系统实现了考题的随机自动抽题，可以做到考试试题与操作环境的同屏显示，考生分数的自动评定及评分之后显示每道题的分值和考生答题得分情况。本系统可以让考生根据自己的情况进行重点练习。分析了多年来同学们在模拟练习时遇到的诸如系统环境、文件下载、安装及答题时出现的许多问题，并加以提炼总结给出详细操作步骤。下面将对下载测试安装程序、安装启动测试程序、做题、交卷、评分等过程分别进行操作指导。

6.1 下载安装测试软件

河北省计算机模拟考试试题分为两部分：理论部分（第一部分）和操作部分（第二～七部分），满分 100 分。其中理论部分采用单项选择题形式，操作部分由 Windows 2000/XP 的基本操作、Word 2000 文字处理软件、Excel 2000 电子表格软件、因特网应用、PowerPoint 2000 制作演示文稿软件、FrontPage 2000 网页制作软件的使用操作部分组成。对于试题的每一部分，模拟考试系统都设计了相应的模块供同学们练习。计算中心的 FTP 服务器 ftp://202.113.125.3 提供了模拟考试系统的安装文件。下面介绍一下安装程序的下载安装过程。在机房刷卡上机后，启动计算机并在桌面双击 IE 图标，待打开游览器，在地址栏输入“http://202.113.125.3”，则出现 FTP 资源主界面。该服务器上的“工具类”、“播放类”和“网络类”等资源链接，如图 6-1 所示。用户可根据自己的需要单击相应的链接，下载资源到本地计算机上安装使用。

单击“基础教学部资源中心”，进入图 6-2 所示的下载资源项目界面，页面显示了计算机文化基础课程 VB、VC、VFP 和单片机等资源的教学 PPT 模版，可供同学们学习和参考。

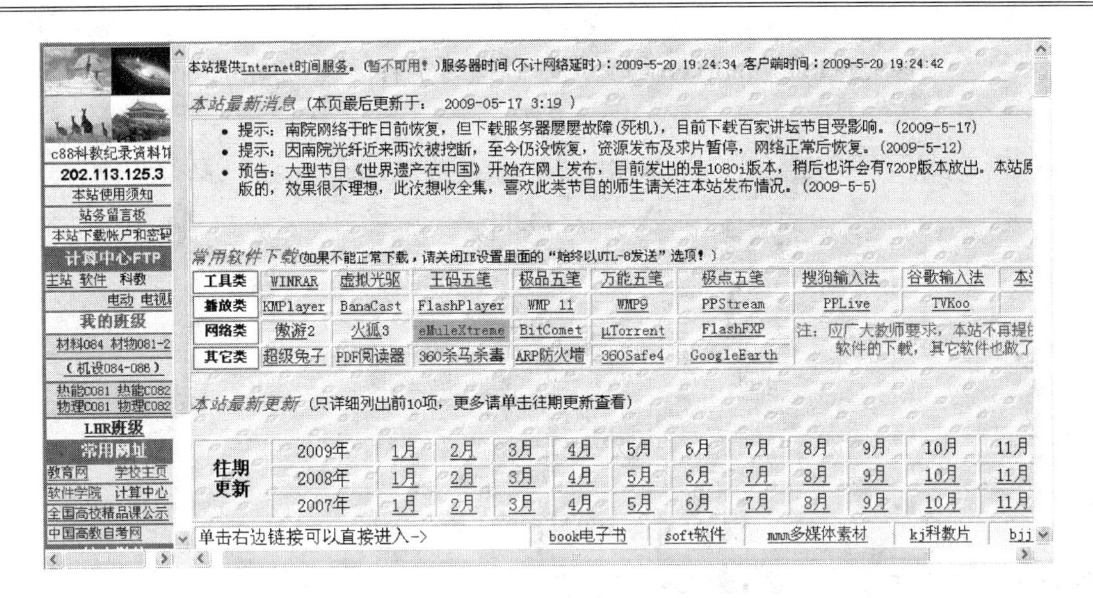

图 6-1　FTP 资源主界面

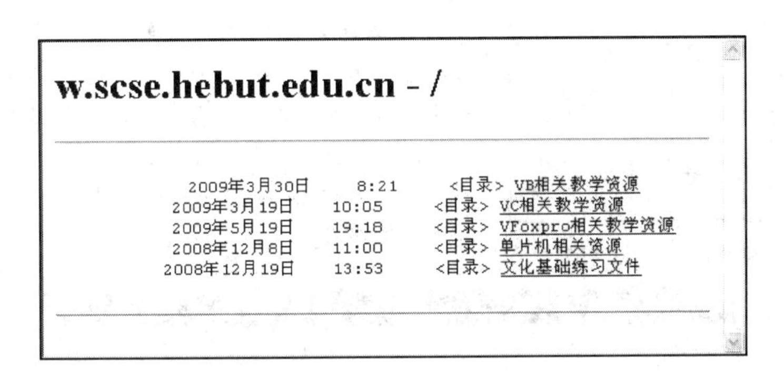

图 6-2　下载资源项目界面

6.1.1　下载测试安装程序

下面将详细叙述河北省计算机基础考试系统的下载安装过程。图 6-3 为计算机基础练习资源主界面，分别列出了“2008 文化基础练习(自解压版).exe”、“wintest.exe”、“等级考试解析.doc”等资源。

下载测试安装程序步骤如下：

(1) 计算机文化基础考试基础练习系统提供了两种安装模式的软件包：自解压版和手动安装版。两种模式的安装包中都涵盖了所有操作部分的模块：单项选择基本操作——综述、Windows 操作模块、Word 操作模块、Excel 操作模块和网页制作模块几部分。同学们可以选择任意一种方式安装测试。

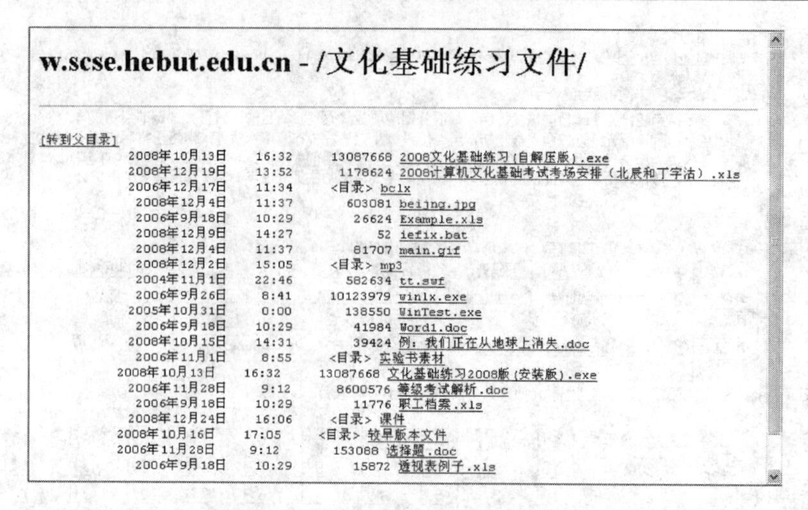

图 6-3 计算机基础练习资源主界面

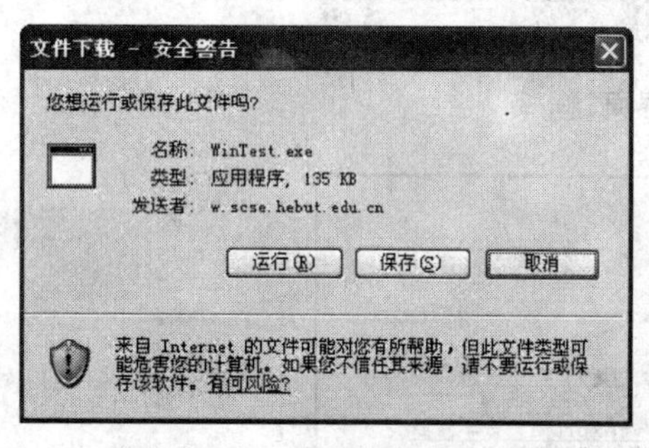

图 6-4 下载 WinTest.exe 界面

下面以 Windows 部分的测试系统“WinTest.exe”的下载、安装和使用为例说明各单项操作模块的练习方法。其他模块的下载、安装、使用和评分系统与这一模块的情形是类似的。“WinTest.exe”文件就是要下载的 Windows 的测试安装程序。单击“WinTest.exe”程序，弹出如图 6-4 所示文件下载界面。

(2) 单击保存按钮，弹出“另存为……”对话框，如图 6-5 所示。

图 6-5 保存应用程序

(3) 选择应用程序保存的磁盘位置，并对于应用程序保存的名称进行更改。公共机房每次重新启动时都会将 C 盘格式化，在这里不建议将应用程序保存在 C 盘。因此，应选择 E 盘或 D 盘。若选择 E 盘，设置完毕后单击“保存”按钮，系统开始下载，如图 6－6 所示。

(4) WinTest. exe 程序的下载是在局域网内进行的，速度非常快。下载结束后弹出如图 6－7所示的“下载完毕”对话框。这里可以选择“打开”按钮，按装程序自动运行；也可以单击“关闭”按钮结束下载，这里可以选择“关闭”按钮。

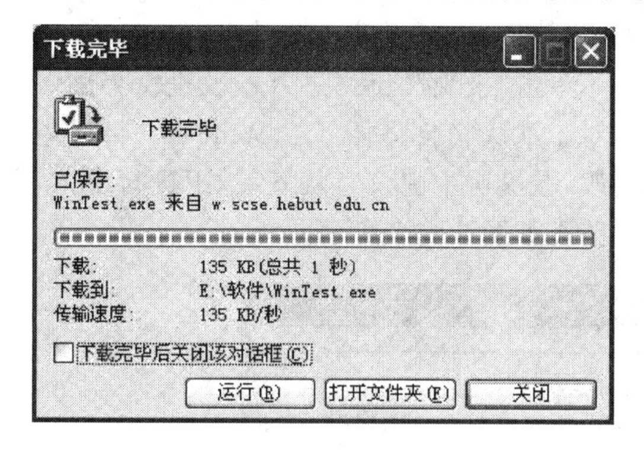

图 6－6　“文件下载”对话框

图 6－7　“下载完毕”对话框

6.1.2　安装测试程序

前一节已经将测试安装程序下载完毕，本节就“WinTest. exe”测试程序的安装逐步进行讲解。由于机房对于 C 磁盘安装了还原卡进行保护，考试系统默认安装在 D 盘根目录下。测试程序安装操作过程如下：

(1) 打开“我的电脑”，进入 E 盘，在根目录下可以看到计算机中的文件和刚下载的安装程序，如图 6－8 所示。

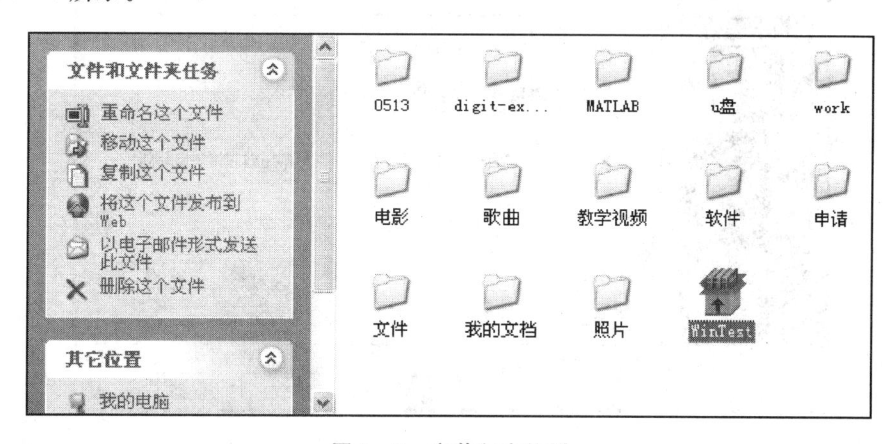

图 6－8　安装程序位置

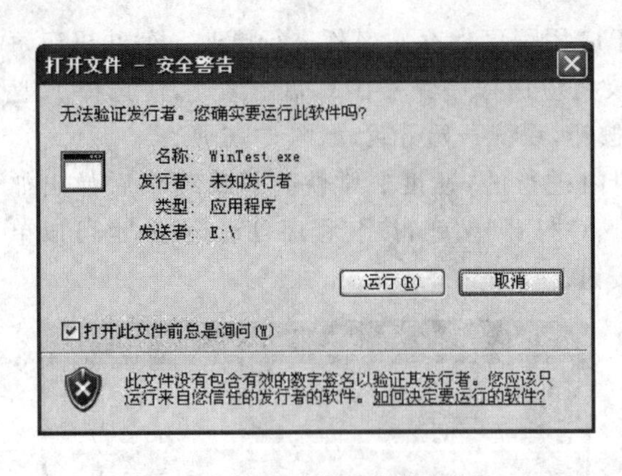

图 6-9 “打开文件安全警告”窗口

(2) 在窗口中双击“WinTest.exe”安装文件,弹出如图 6-9 所示的“打开文件安全警告”窗口,单击“运行”按钮。

在弹出的自动安装界面中单击“接受”按钮,系统自动进行安装操作,安装程序“WinTest.exe”将测试程序“Win.exe”安装在 D 盘的“D:\Wintest”文件夹中,如图 6-10 所示。

单击“接受”之后,进入安装进度界面。此时对于默认安装路径“D:\WinTest"可以进行更改,在机房中建议直接安装,不进行更该,更改路径如图 6-11 所示。

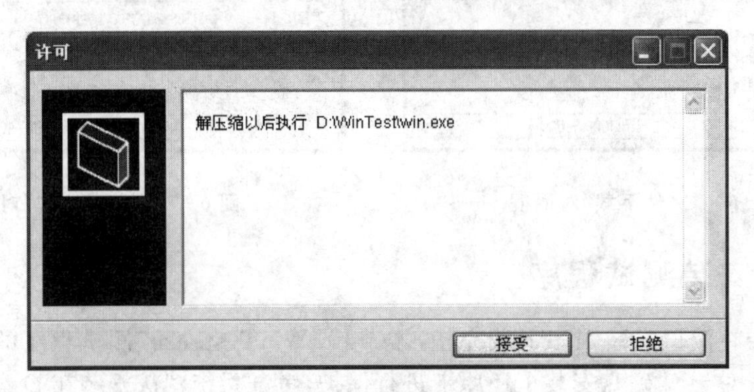

图 6-10 安装程序界面

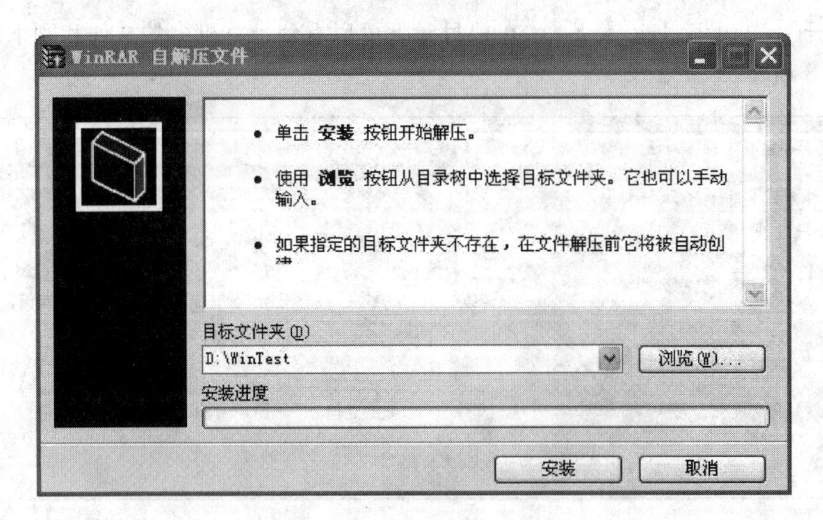

图 6-11 “安装进度”对话框

6.2　模拟考试

6.2.1　启动测试程序

测试程序安装完成之后，在 D 盘根目录下出现"WinTest"文件夹，文件夹中包含了启动程序"Win. exe"和"Exam"文件夹。要启动测试程序，只需双击测试程序"Win. exe"即可，如图 6－12所示。

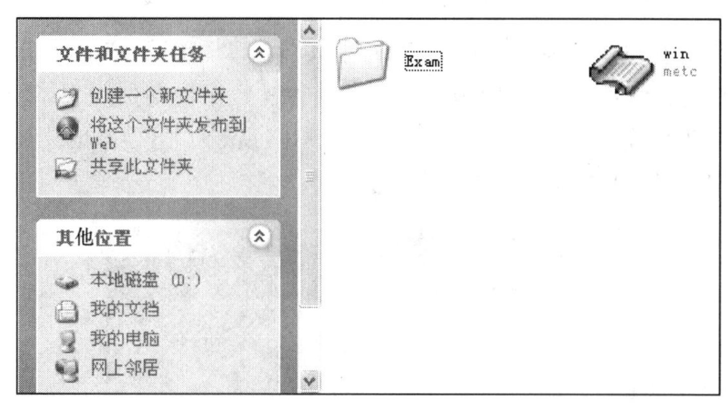

图 6－12　"D:\Wintest"文件夹

单击应用程序图标"Win. exe"，启动测试程序，出现如图 6－13 所示的"登录"窗口。填写个人信息并选择试题：在"请输入学号"文本框中输入任意学号，使用系统默认的"22"也可以，这里使用了学号"010107"。测试程序的试题库里还包含多套试题供同学练习，在"选择题签"下拉列表框中选择题签，这里选择"A"。

图 6－13　测试程序登录窗口

单击“登录系统”按钮，弹出信息确认对话框，将显示考生基本信息。如果是正式考试，则要认真核对显示的信息，确认无误后才能单击“是”按钮完成登录。如果是练习，对显示的信息不需要核对，直接单击“是”按钮完成登录，准备开始做题，如图 6-14 所示。

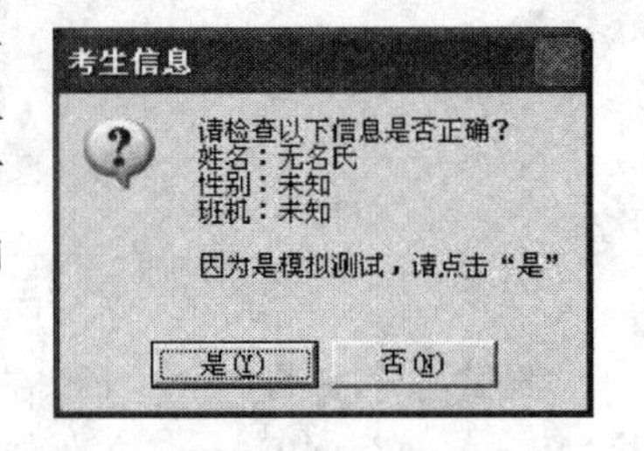

图 6-14 “学生信息”对话框

6.2.2 答 题

确认个人信息后，系统自动转入考试界面，在此界面中显示出了考生文件夹及在本部分应当完成的 10 项基本操作。“考试”窗口的上部显示出考生目录结构，考生文件夹为 d:\testdir\010107，这是考生答题数据保存的位置，下面显示出考生目录结构以及要求考生要完成的操作，即考题，如图 6-15 所示。此时考生只要按照题目要求完成“考试”窗口所显示的 10 项做题基本操作即可。

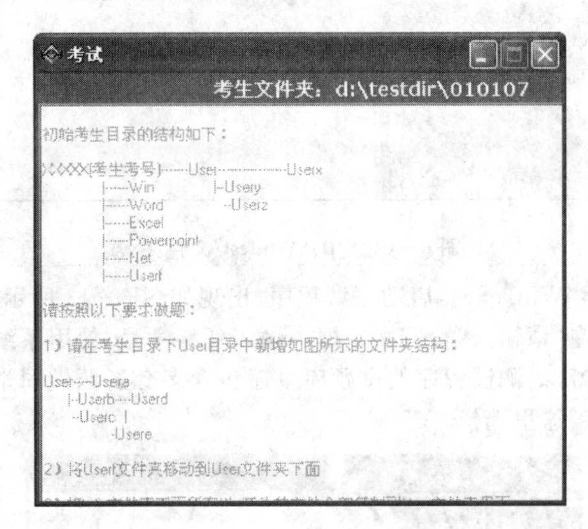

图 6-15 试题界面

成功登录系统后，除了考试系统主窗口之外，还会在桌面顶部显示考试系统(见图 6-16)窗口，如图这称为题签，如图 6-16 所示。

图 6-16 题签

在考试过程中，登录考试系统之后，系统会自动在 D 盘根目录下建立文件夹“testdir”。这个文件夹中存放着所有考生的考试信息，即每一个考生的登录名对应着一个文件夹，例如用学号010107登录，则在“testdir”，则存在名称为“010107”的文件夹。考试时一定要注意，一定要进入自己的考生文件夹中做题，这是很多学生做练习时最容易出错的地方。双击桌面上的“我的电脑”，在打开的窗口中双击D盘，然后打开文件夹，如“010107”文件夹就是考生文件夹，如图6-17所示。

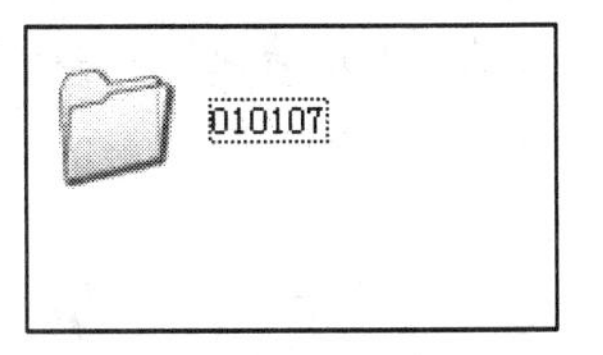

图6-17　考生文件夹

6.2.3　交卷评分

考试时，学生必须在规定时间内完成相应测试题的操作。同样，在模拟测试系统中已规定了每部分测试所用的时间，考试系统会自动计时；在题签栏除显示现在正在做题的信息之外，还显示了当前距离考试结束所剩余的时间。Windows部分的测试时间为10 min，如图6-16所示。在考试结束之前，系统还会弹出窗口提醒考生注意考试的时间。考试结束时，系统将强制结束考试，此时会弹出“停止答题”对话框，如图6-18所示。单击“确定”后系统开始评分。

学生在考试时间未到时，如果完成考试题目所规定的操作后，也可以交卷退场，单击题签最右侧的退出按钮，此时会弹出“确认退出”对话框，如图6-19所示。单击对话框中的“是”按钮，测试系统开始评分。

图6-18　“停止答题”对话框

图6-19　“确认退出”对话框

考试结束和退出考试系统都会进入评分窗口，测试系统评分结束后会显示“评分结果”窗口，如图6-20所示。

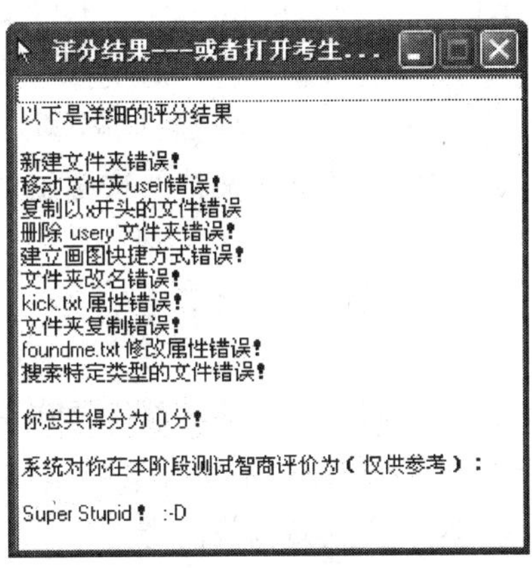

图6-20　“评分结果”窗口

在“评分结果”窗口中将显示出每道操作题的对错情况及得分情况，最后还列出了总的得分情况。

6.3 其他部分测试程序介绍

前一节介绍了 Windows 部分的测试程序安装、考试和评分的过程，而 Word、Excel、PowerPoint和网络操作模块都有相应的测试程序，使用方法类似于 Windows。计算机文化基础其他各部分的测试程序介绍如下。

1. Word 测试程序

Word 部分测试程序的安装程序为“WordTest. exe”，存放在“ftp://202. 113. 125. 3”上的“计算机文化基础”文件夹下的“02Word 操作模块”文件夹中。下载安装后，会在 D 盘根目录下建立“D:\WordTest”文件夹并将文件存放在该文件夹中。测试程序“WordTest. exe”就在此文件夹中，只要双击“WordTest. exe”就可启动测试程序。启动测试程序并登录后，即可在考生文件夹中打开题签中指定的 Word 文档并按题签中显示的要求进行操作即可。

2. Excel 测试程序

Excel 部分测试程序的安装程序为“Exceltest. exe”，存放在“ftp://202. 113. 125. 3”上的“计算机文化基础”文件夹下的“03Excel 操作模块”文件夹中。下载安装后，会在 D 盘根目录下建立“D:\Exceltest”文件夹并将文件存放在该文件夹中。测试程序“Exceltest. exe”就在此文件夹中，只要双击“Exceltest. exe”就可启动测试程序。启动测试程序并登录后，即可在考生文件夹中打开题签中指定的 Excel 文档并按题签中显示的要求进行操作即可。

3. PowerPoint 部分测试程序

PowerPoint 部分测试程序的安装程序为“pptTest. exe”，存放在“ftp://202. 113. 125. 3”上的“计算机文化基础”文件夹下的“04PowerPoint 操作模块”文件夹中。下载安装后，会在 D 盘根目录下建立“D:\pptTest”文件夹，并将文件存放在该文件夹中。测试程序“pptTest. exe”就在此文件夹中，只要双击“pptTest. exe”就可启动测试程序。启动测试程序并登录后，即可在考生文件夹中打开题签中指定的 PowerPoint 文档并按题签中显示的要求进行操作即可。

6.4 模拟考试系统

通过计算机文化基础的学习，同学们基本上能够熟练操作使用计算机，适应现代化办公的要求。“开放式考试系统”是河北省高等院校大学生计算机基础等级考试系统，也是很多高校计算机基础课程的期末考试系统，这一考试测试使同学们对于计算机文化基础课程掌握的程度，即熟悉这一系统的操作和流程有很大帮助。为此，根据考试的各个阶段，我们开发了与考试系统相类似的综合练习系统，与开放式考试系统相比，模拟练习系统增加了评分显示，在操作结束后同学们可详细看到自己的得分情况使同学在练习结束之后就能在第一时间对于自己学习情况有一个清楚的认识。下面详细介绍一下该综合练习系统的使用。

6.4.1　下载与安装

1. 下载安装文件

综合模拟系统融合了计算机文化基础考试所涉及科目的所有模块，计算中心 FTP 资源中同样也提供了这一安装文件的下载，打开浏览器，进入 http://202.113.125.3 资源页面，这里提供了“自解压版”和“安装版”下载，选择“文化基础练习 2008 版(安装版).exe”进行下载，下载文件放在 E 盘根目录下，具体操作过程见 WinTest.exe 下载过程。

2. 安装综合练习系统

下载完成后，单击运行按钮，启动“文化基础练习 2008 版(安装版).exe”，也可退出下载窗口，双击下载文件，出现安装窗口。如图 6-21 所示安装程序将自动将程序安装在本地计算机上，安装的默认目录为“D:\ 文化基础综合练习 2008 版”。

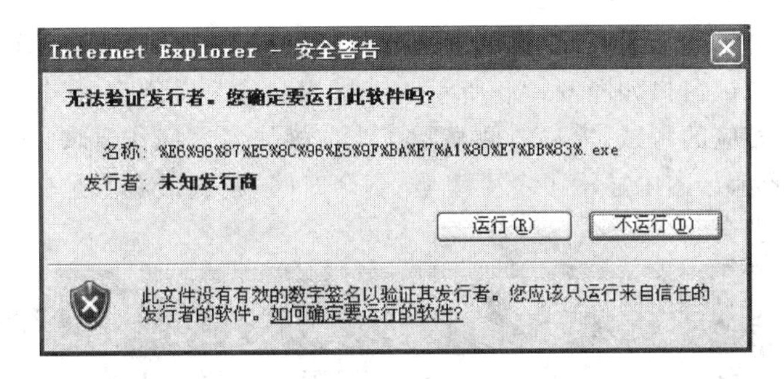

图 6-21　综合练习系统安装窗口

6.4.2　上机模拟练习

1. 进入模拟考试系统

模拟系统安装完成后，系统自动进入模拟练习系统登录界面。考生也可选择手动进入考试系统，进入 D 盘“D:\文化基础综合练习 2008 版”文件夹，找到“ksxt.exe”，双击打开应用程序，就可启动综合练习系统。模拟练习系统进行测试，同学可自主选择模拟练习。系统对每一模块都设计了若干套测试题，考生可任意组合来进行测试。注意：在考试时由系统随机抽取各部分的考题。首先，为每部分从下拉列表中选择题签，然后单击“登录”按钮开始做题。选择题签如图 6-22 所示。

图 6-22 启动综合练习系统

2. 开始答卷

模拟系统默认考生姓名为“我是谁”，考生文件夹路径为“D:\testdir\11111111111”。登录后的综合练习系统考试窗口如图 6-23 所示。考试窗口左侧为各种操作模块切换窗口，单击不同模块可以进行相应的考试，窗口右侧显示了当前模块考试操作要求，在桌面的顶端是题签窗口，如图 6-24 所示。图中显示了考生考号、剩余时间；题签最右侧是交卷按钮，考生答完所有试题以后可以单击交卷。

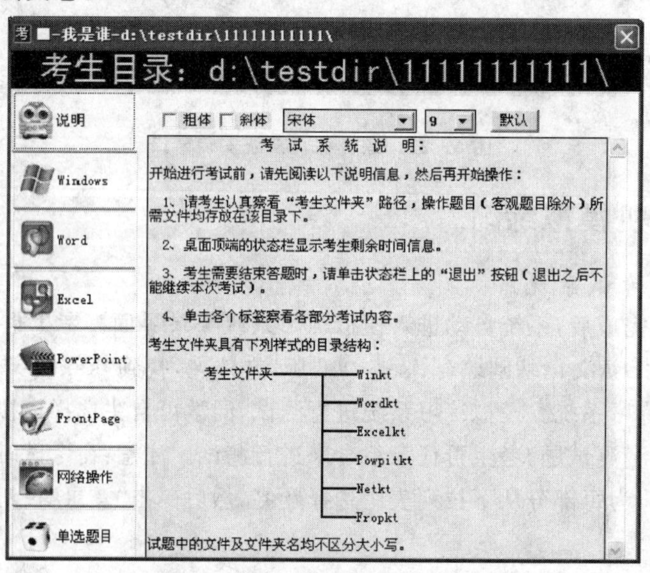

图 6-23 综合练习系统操作界面

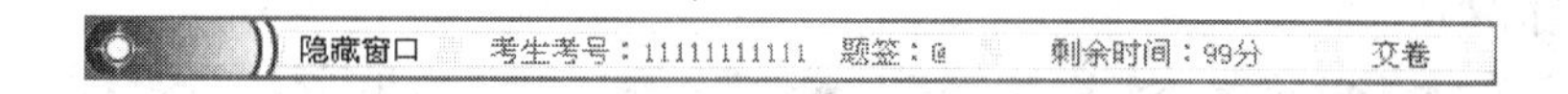

图 6-24　题签窗口

3. 交卷评分

模拟练习系统试题难易程度和题量与开放式考试系统真题基本相当，练习时间与考试时间同为 100 min，考试结束之前，系统会提醒考生注意考试时间，要求考生将所有打开的文件保存并关闭，以免影响考试成绩。考试过程中，若考生完成了所有模块的操作试题，任何时刻可以单击考试窗口中的“交卷”命令，如图 6-25 所示。

图 6-25　交卷按钮

此时会弹出“考试系统”对话框，如图 6-26 所示。单击“否”按钮可以重新回到答题窗口继续考试，如果确实要退出系统，单击对话框中的“是”按钮。

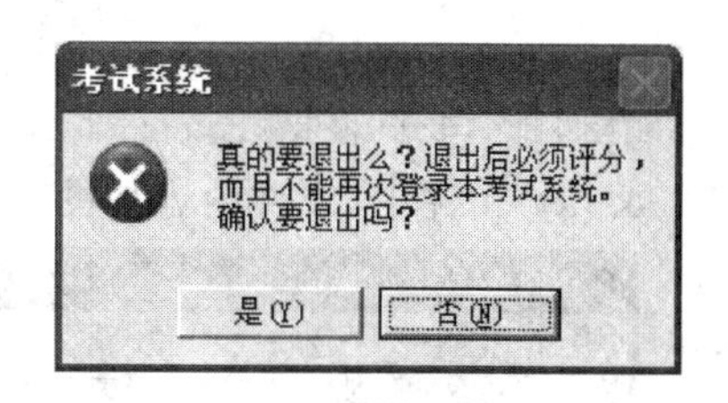

图 6-26　确认退出考试系统

确认退出系统之后，系统会自动进入评分窗口，即“开放式考试系统 2003——评分窗口”对话框如图 6-27 所示。窗口提示同学们在评分前必须保存文件并关闭所有打开的应用程序窗口，将没关闭的窗口立即关闭，需保存的进行存储，确认已关闭了其他窗口，则在评分对话框中单击“评分”按钮，系统开始评分。

综合练习系统区别于开放式考试系统的一个特点是，评分结束之后，系统会弹出“考生得分”对话框，在对话框中，分别列出了各部分的得分情况，评分结果如图 6-28 所示。

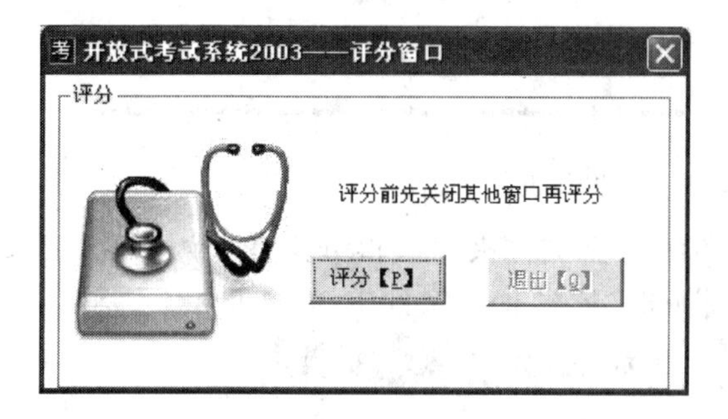

图 6-27　评分窗口

考试详情	得分情况
各模块得分情况（各模块部分的总分数均为100分）	
Windows操作模块得分情况	0
Word操作模块得分情况	0
Excel操作模块得分情况	0
Powerpoint操作模块得分情况	0
网页制作模块得分情况	0
网络操作模块得分情况	0
单选题目得分情况	0

图 6-28　考生得分

综合练习系统还有另外一个突出的优点，即考试结束之后，可以向考生提供各个操作模块中具体操作的得分情况。对于每一个操作模块，综合练习系统在相应模块的文件夹下建立了文本文件“1234. txt”，文本内详细记录了每个操作步骤的得分情况。

例如，Word 部分成绩在“D:\testdir\11111111111 \Wordkt”文件夹下的“1234. txt”文件

中，文件内容如图6-29所示。

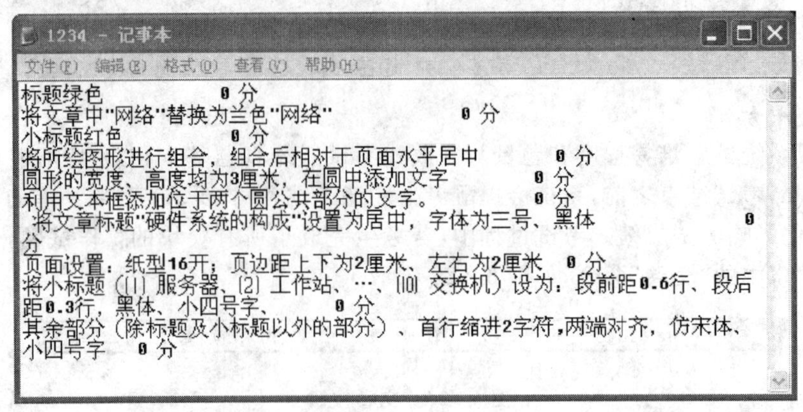

1234 - 记事本

文件(F) 编辑(E) 格式(O) 查看(V) 帮助(H)

标题绿色　　0分
将文章中"网络"替换为兰色"网络"　　0分
小标题红色　　0分
将所绘图形进行组合，组合后相对于页面水平居中　　0分
圆形的宽度、高度均为3厘米，在圆中添加文字　　0分
利用文本框添加位于两个圆公共部分的文字。　　0分
将文章标题"硬件系统的构成"设置为居中，字体为三号、黑体　　0分
页面设置：纸型16开；页边距上下为2厘米、左右为2厘米　0分
将小标题（(1)服务器、(2)工作站、…、(10)交换机）设为：段前距0.6行、段后距0.3行，黑体、小四号字、　　0分
其余部分（除标题及小标题以外的部分）、首行缩进2字符，两端对齐，仿宋体、小四号字　0分

图6-29　Word部分得分详情

类似地，电子表格Excel部分成绩在"D:\testdir\11111111111\Excelkt"文件夹下的"1234.txt"文件中，文件内容如图6-30所示。

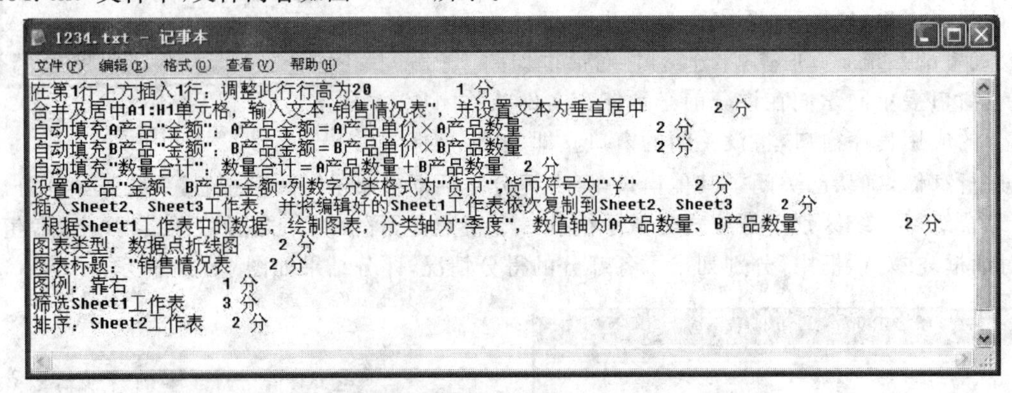

1234.txt - 记事本

文件(F) 编辑(E) 格式(O) 查看(V) 帮助(H)

在第1行上方插入1行：调整此行行高为20　　1分
合并及居中A1:H1单元格，输入文本"销售情况表"，并设置文本为垂直居中　　2分
自动填充A产品"金额"：A产品金额＝A产品单价×A产品数量　　2分
自动填充B产品"金额"：B产品金额＝B产品单价×B产品数量　　2分
自动填充"数量合计"：数量合计＝A产品数量＋B产品数量　2分
设置A产品"金额、B产品"金额"列数字分类格式为"货币"，货币符号为"￥"　　2分
插入Sheet2、Sheet3工作表，并将编辑好的Sheet1工作表依次复制到Sheet2、Sheet3　　2分
根据Sheet1工作表中的数据，绘制图表，分类轴为"季度"，数值轴为A产品数量、B产品数量　　2分
图表类型：数据点折线图　　2分
图表标题："销售情况表　　2分
图例：靠右　　1分
筛选Sheet1工作表　　3分
排序：Sheet2工作表　2分

图6-30　Excel部分得分情况

值得注意的是，Windows操作部分并没有单独建立文件夹存放得分文件，得分情况记录在考生文件夹"D:\testdir\11111111111\Winkt"下的"1234.txt"文件中，如图6-31所示。

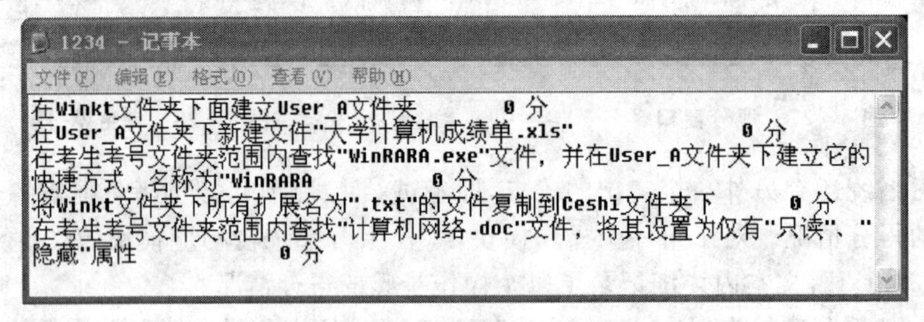

1234 - 记事本

文件(F) 编辑(E) 格式(O) 查看(V) 帮助(H)

在Winkt文件夹下面建立User_A文件夹　　0分
在User_A文件夹下新建文件"大学计算机成绩单.xls"　　0分
在考生考号文件夹范围内查找"WinRARA.exe"文件，并在User_A文件夹下建立它的快捷方式，名称为"WinRARA　　0分
将Winkt文件夹下所有扩展名为".txt"的文件复制到Ceshi文件夹下　　0分
在考生考号文件夹范围内查找"计算机网络.doc"文件，将其设置为仅有"只读"、"隐藏"属性　　0分

图6-31　Windows部分得分情况

其他各部分的得分情况都在相应的文件夹下的“1234.txt”文件中，学生可参阅此文件详细了解自己操作中存在的问题，进一步提高自己的能力。

4. 退出练习系统

评分完成后，考试系统提示要重新启动计算机系统。为避免重启系统，同时按下键盘上的CTRL＋ALT＋DEL 三个键，调出任务管理器来终止考试进程，如图 6－32 所示。选择“开放式考试系统 2003—评分窗口”，单击“结束任务”按钮。

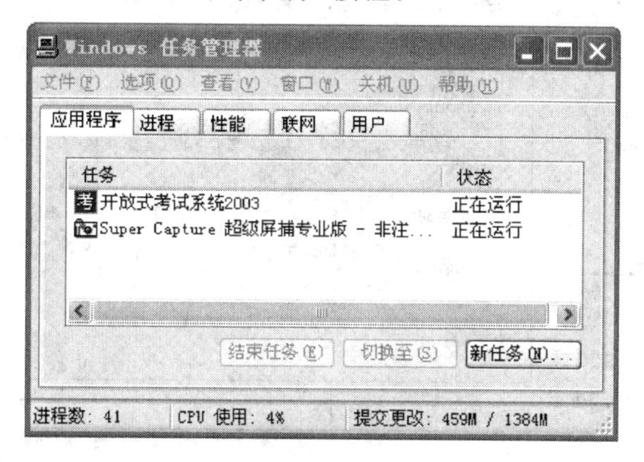

图 6－32　任务管理器窗口

系统将弹出“结束程序”对话框(见图 6－33)，选择“立即结束”按钮，结束考试系统。

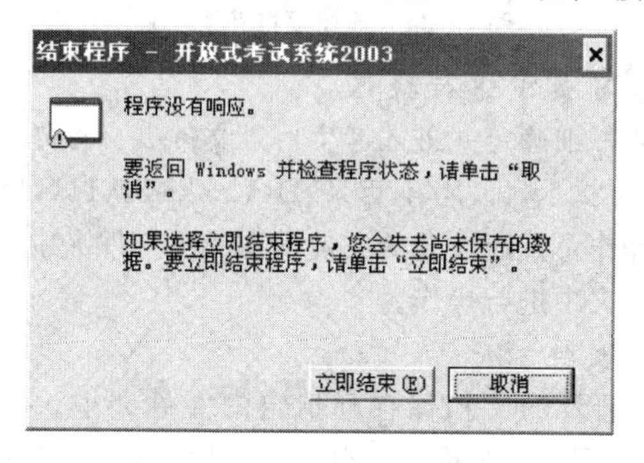

图 6－33　结束程序对话框

结束系统后，可转到交卷评分，再启动综合练习系统，重新选题，继续进行。

6.4.3　注意事项

在使用考试系统进行操作时，需要特别注意下面几个问题。

1. 显示参考图片

在题签窗口的操作描述中要参考一些图片，在题签窗口的下部“选择要打开的图片文件”

右边有一下拉列表框，如图 6－34 所示。从下拉列表中选择要参考的图片，则系统会打开一个窗口显示该图片。

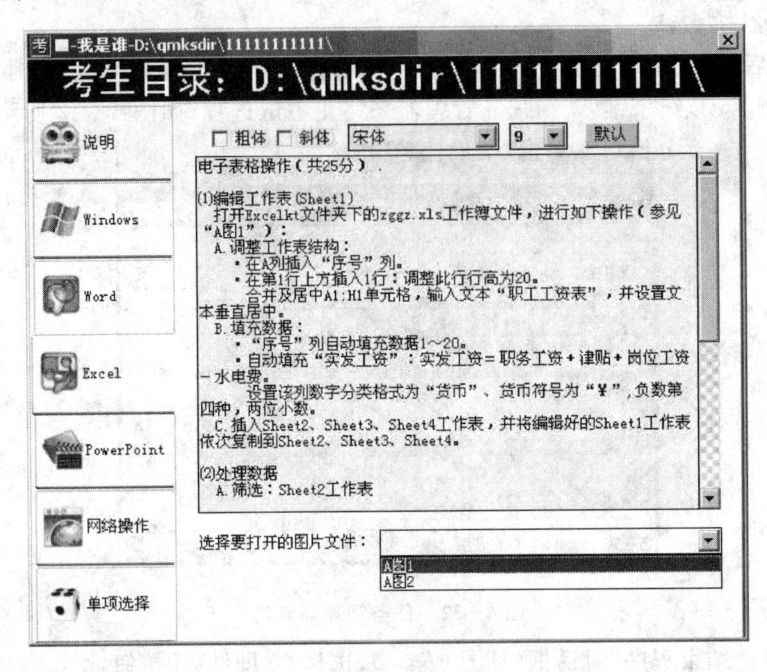

图 6－34 选择要打开的图片

2. 确认是否在考生目录下进行操作

在开始做题前，一定要仔细确定并进入考生目录文件夹。首先确定考生文件夹，在题签窗口上部出现醒目的黑底白字提示，即“考生目录：D:\qmksdir\11111111111”，这就是考生文件夹所在的盘及路径，所作操作及其所涉及的文件都在考生文件夹中。然后，打开考生文件夹窗口，按题目要求在考生文件夹中进行操作。

3. 及时保存和关闭文件

必须及时将操作中所涉及的文档保存到指定的文件夹中。在进行综合考试系统中的 Word、Excel、PowerPoint 及 FrontPage 等部分的操作时，需要在题目所指定的文件夹中打开相应的文档进行操作，这就涉及存盘问题。大家一定要注意随时保存文件，在保存时，一定要仔细查看题目要求，按要求存储到指定位置和指定的文件名中。因为考试系统在指定的文件夹中按指定的文件名查找文档进行评分的，如果没有找到文档，则该项操作评分为 0 分，所以保存时要十分小心。另外，在操作完一个文档后，应及时关闭，避免误操作更改已完成的文档。

4. 单选题

综合考试系统中的 Windows、Word、Excel、PowerPoint 及网络等各部分，当在考试系统窗口左侧的标签中选择某一项时，在窗口中会显示该部分的操作题目，学生按题目要求完成规定的操作就完成了测试题目。如果选择了“单项选择”标签，则开始做选择题。

在做选择题时，最好将窗口右上角的“自动跳题”复选框选中，这样每完成一道题的选择，系统自动显示下一题。进行选择时，只需在窗口下部的 A、B、C、D 四个单选按钮中选择一个即可，如图 6－35 所示。

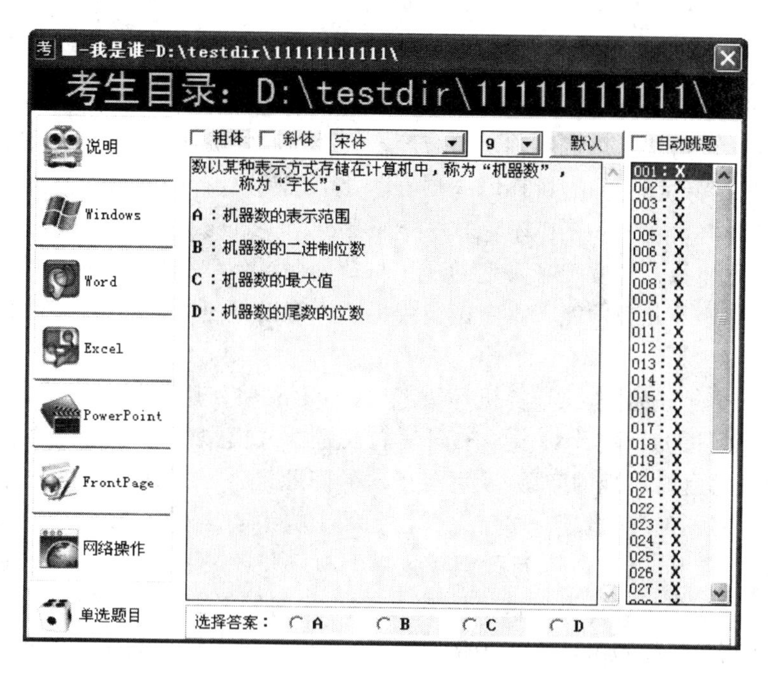

图 6－35　单选题

第7章　国家计算机等级考试系统指导

NCRE自1994年首次开考以来，考试平台从DOS环境到Windows 3.x、Windows 9x，再到Windows 2000，经历了由单机版到网络版的重大变革。2008年岁末，NCRE改革又推出了几项重要举措，包括考试时间、上机环境调整等。其中，部分软件的使用版本也发生了变化，要求所有上机考试科目均在Win XP环境下进行，Office和Access软件的版本也从2000升级为2003。NCRE考试模拟系统实现了考题的随机自动抽题，考试试题与操作环境的同屏显示和考生分数的自动评定等几大功能。本考试及模拟系统可以方便考生根据自己的情况进行重点上机练习。

从2009年上半年开始，全国计算机等级考试(NCRE)将使用新版上机考试系统。根据考试平台及Office软件的升级，针对多年来同学们在考试或模拟练习时遇到的诸如系统环境、文件下载、安装及答题时出现的问题，及可能出现的问题进行了详细的分析与考虑，并加以总结出详细操作步骤进行操作指导。多年来我校的考生成绩起伏不定，致使总体通过率偏低，而单科通过率稍高。究其原因，主要问题是考生对上机环境不熟悉及一些不正确的操作造成。本章首先介绍全国大学生计算机考试模拟系统，接下来对照考试环境，详细分析考试过程及注意事项。下面就新版的模拟考试系统为例，介绍计算机等级考试及模拟上机的详细步骤及正确的操作方法。

7.1　模拟考试系统

为了使广大考生更好的备考，顺利地通过考试，全国计算机等级考试网推出公益版上机模拟软件系列，考生可以通过计算机考试模拟系统，针对具体问题进行模拟练习。软件存放在全国计算机等级考试天津资讯网主页软件下载链接上，其网址是：www.tjncre.com，等级考试天津资讯网主页如图7-1所示。

7.1.1　模拟系统下载与安装

可根据考试科目单击相应链接进入下载页面，进行下载。图7-2所示为二级VB模拟系统的下载界面。

下载步骤如下：单击“地址一”按纽，在弹出的对话框中选择下载方式，利用第4章介绍的迅雷软件将文件下载至本地，如图7-3所示。

图 7－1　等级考试天津资讯网

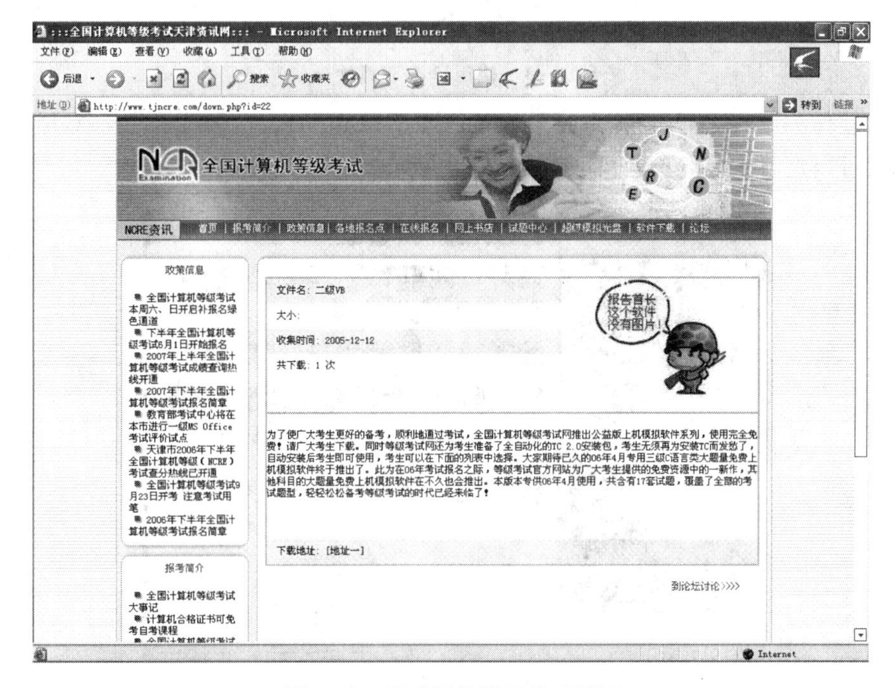

图 7－2　考试科目的下载对话框

图 7-3　使用迅雷下载软件

迅雷下载任务结束之后，模拟考试系统就已经下载到了磁盘，名称为“free2vb”，双击应用程序图标就可以进行安装，安装界面如图 7-4 所示。

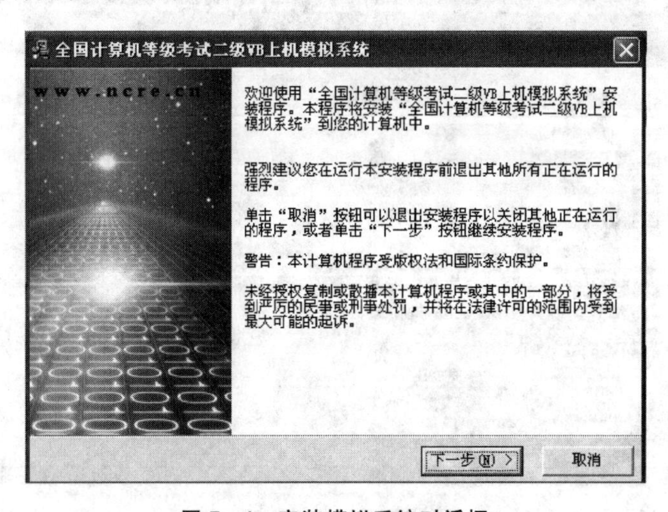

图 7-4　安装模拟系统对话框

单击下一步按钮，仔细阅读安装许可协议后，设置安装软件路径；再单击下一步，进入安装进度页面，如图 7－5 所示。

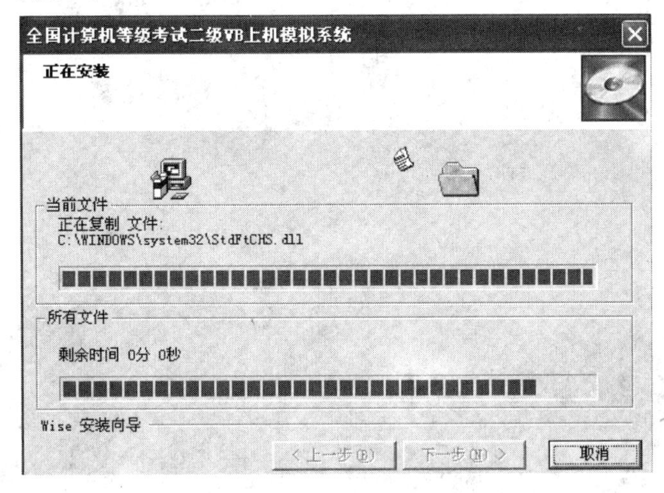

图 7－5　模拟考试系统安装界面一

模拟系统安装完成后，单击界面上“完成”按钮，自动退出安装。模拟系统安装完成的界面如图 7－6 所示。

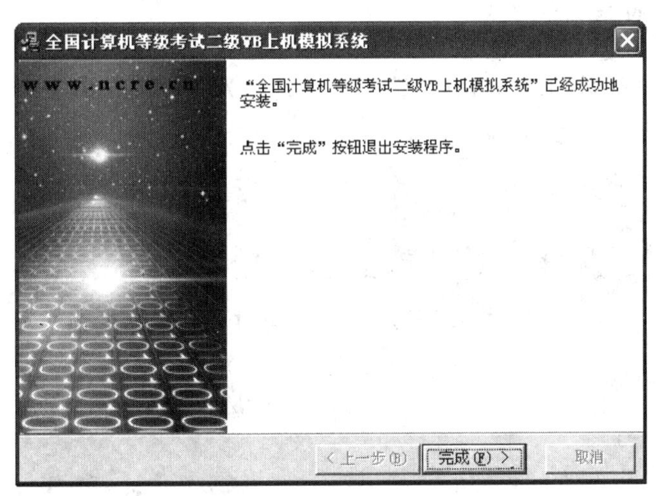

图 7－6　模拟系统安装完成界面二

这时在桌面上会出现模拟系统的应用程序快捷方式图标，文件名为“NCRE 二级 VB 上机公益版”，如图 7－7 所示。

图 7－7 模拟系统图标

7.1.2 模拟练习

双击“NCRE 二级 VB 上机公益版”进入模拟系统登录界面，如图 7－8 所示。

图 7－8 模拟系统开始登录界面

单击“开始登录”进入考生登录界面，系统设置了默认准考证号、考生姓名、身份证号，选择

“考号验证”按钮，进入考试系统，如图 7－9 所示对话框。

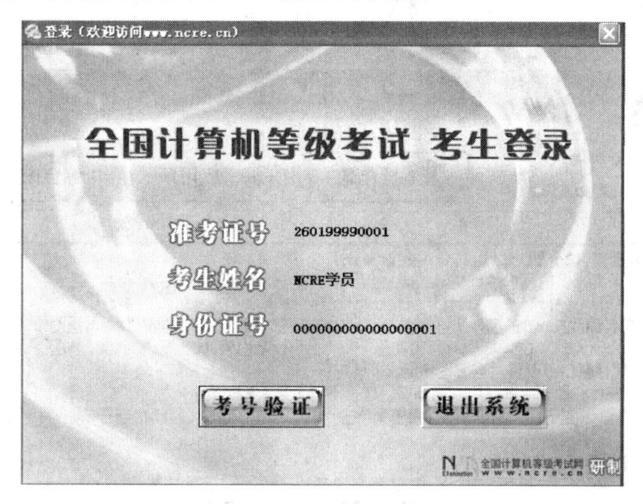

图 7－9　考生登录对话框

单击“考号验证”按钮，系统会弹出登录提示对话框，显示当前考生所登录的模拟准考证号为：260199990001。选择“是”按钮，出现如图 7－10 所示对话框。

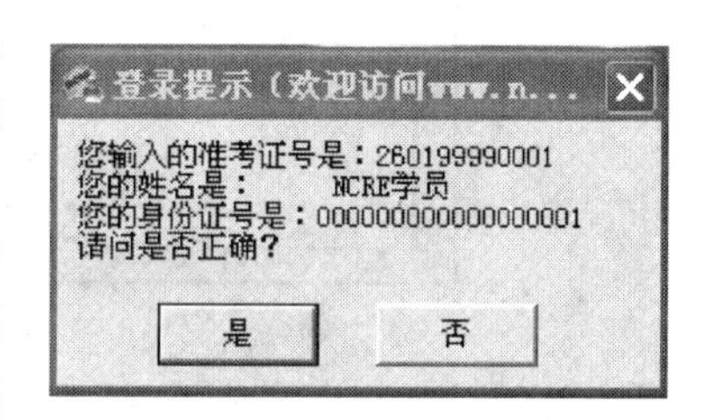

图 7－10　登录提示对话框

确认信息后进入“VB 上机考试须知界面”。这一界面中显示了考生应完成的操作题型及各题的分数值，模拟系统还给出了“随机抽题”和“固定抽题”两种方式来供考生选择练习。阅读完毕考试须知并选择完抽题类型之后，单击“开始考试并计时”，进入考试，考试须知如图 7－11 所示。

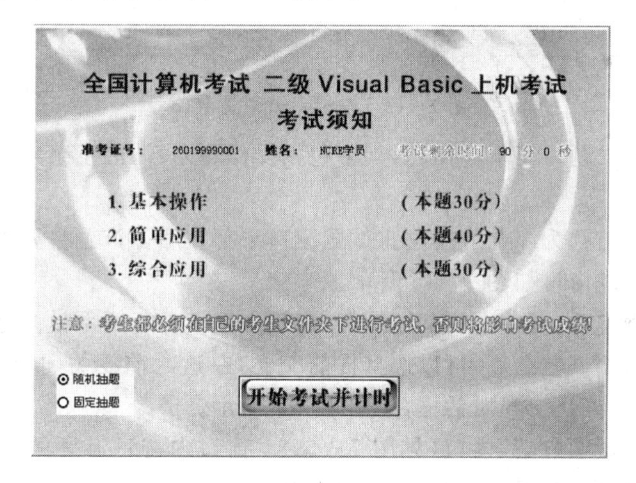

图 7－11　考试须知

考生文件夹为“C:\WEXAM\26010001”，单击“基本操作题”按钮，显示基本操作题。其中包括：操作题内容、注意事项。基本操作题界面如图 7－12 所示。

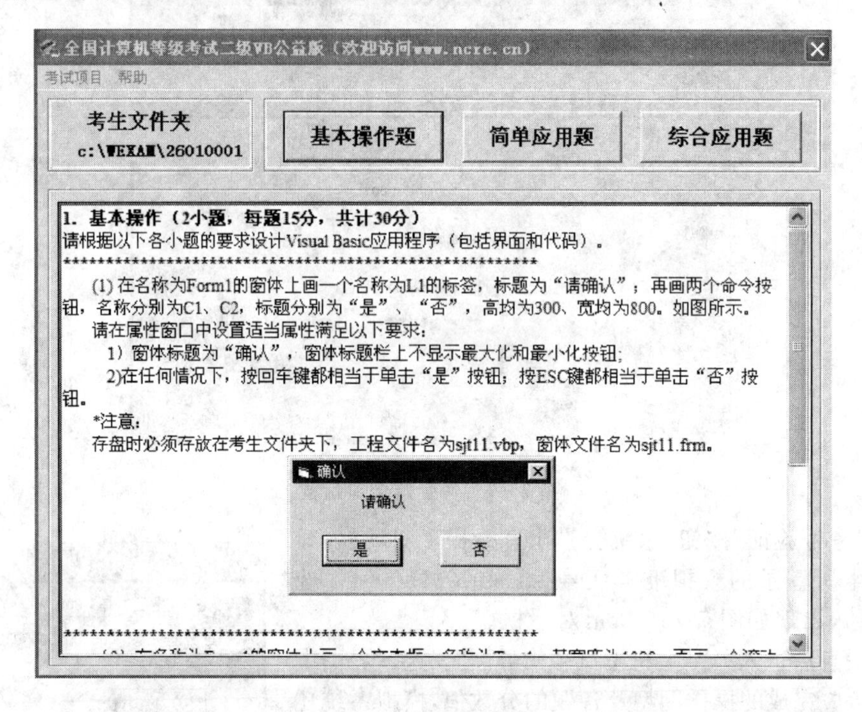

图 7－12　基本操作题

在桌面顶端显示了模拟系统题签窗口，窗口显示或隐藏、模拟考号、剩余时间，是否交卷和交卷按钮，VB 考试时间为 90 min。模拟考试题签窗口如图 7－13 所示。

图 7－13　模拟考试题签窗口

模拟系统考题第二题为简单应用题，其中包括操作题内容、注意事项。简单应用题窗口如图 7－14 所示。

模拟系统试题第三题为综合应用题。试题窗口下部注明了该题目要求，包括操作题内容、注意事项。综合应用题窗口如图 7－15 所示。

考生模拟试题做完后，可单击“交卷“按钮，出现如图 7－16 所示模拟考试系统窗口。

考生在完成所有测试题之后，可以选择提前交卷，在这之前要关闭所有应用程序窗口，单击“交卷”按钮，会弹出确认交卷对话框，如图 7－17 所示。

评分之后，出现“试题点睛”窗口（见图 7－18）。窗口内有每道题的分值和考生答题得分情况。考生可根据自己的情况开始练习做下一道题。

图 7－14　简单应用题

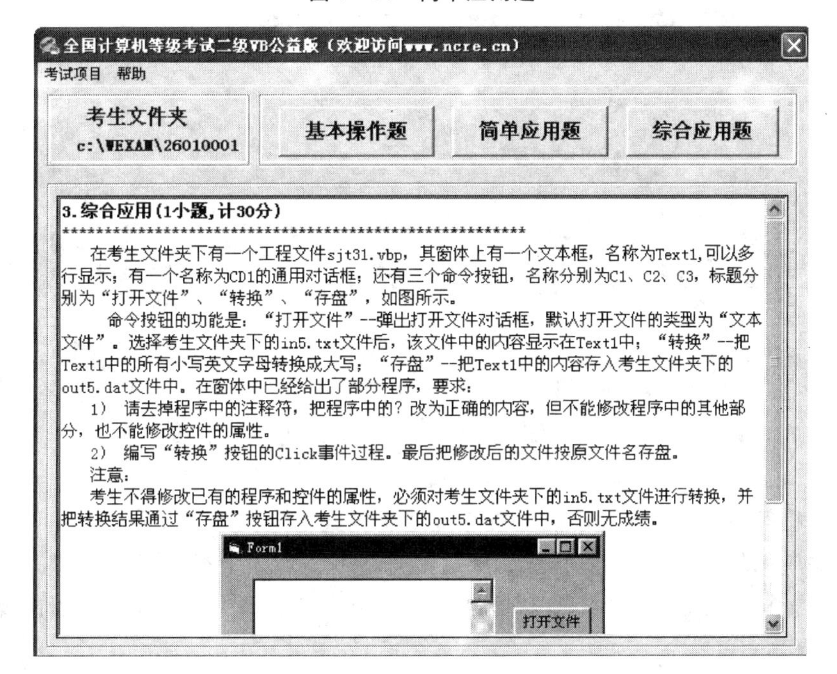

图 7－15　综合应用题

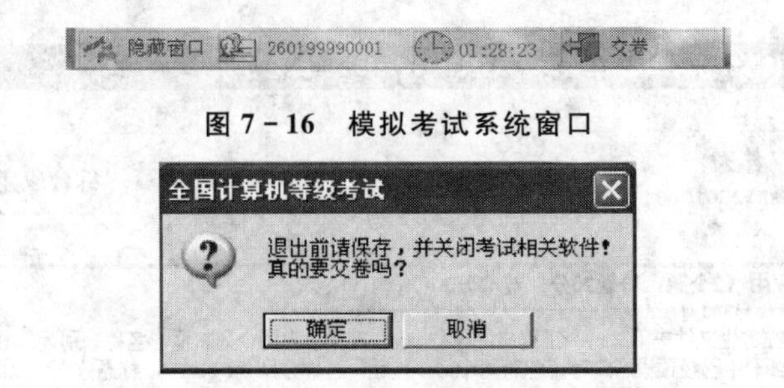

图 7-16　模拟考试系统窗口

图 7-17　确认交卷对话框

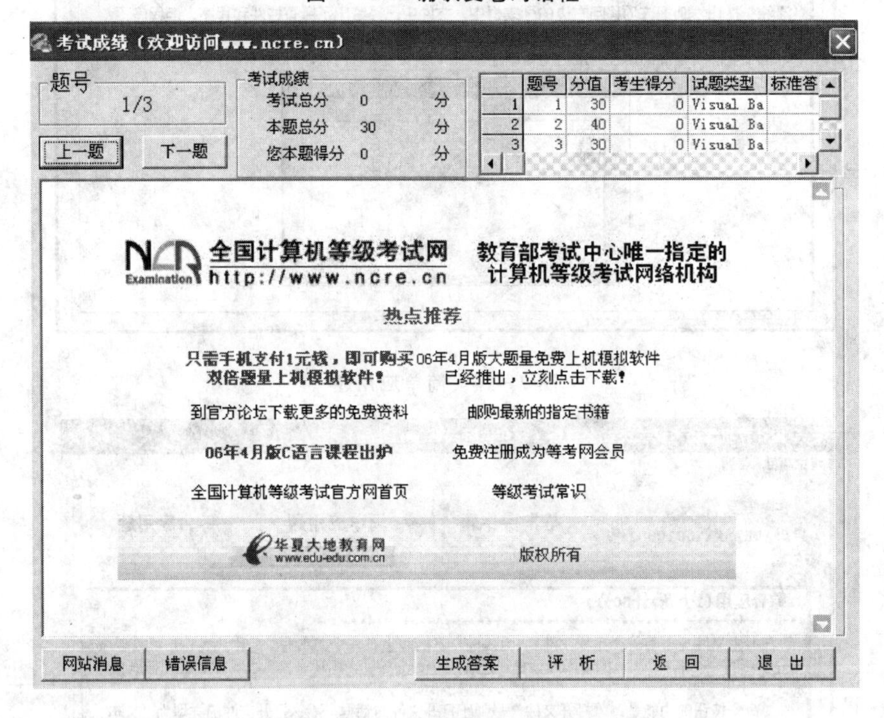

图 7-18　试题点睛窗口

7.2　安装 NCRE 考试系统

全国计算机等级考试(NCRE)的上机考试主要测试考生在 Windows XP 平台上的基本操作和运用有关应用软件进行信息处理或者编程的基本技能。上机考试在局域网络环境下进行,考试机的操作系统是 Microsoft 中文版 Windows XP Professional,服务器的操作系统是 Windows 2000 Server。

新版"管理系统"取消了监控机,要求服务器必须安装 SQL Server 2000。管理系统直接安装到服务器上，必须在服务器上安装和运行。运行"管理系统"目录中的 Setup_管理系统.exe 文件，启动安装程序。管理系统窗口如图 7－19 所示。

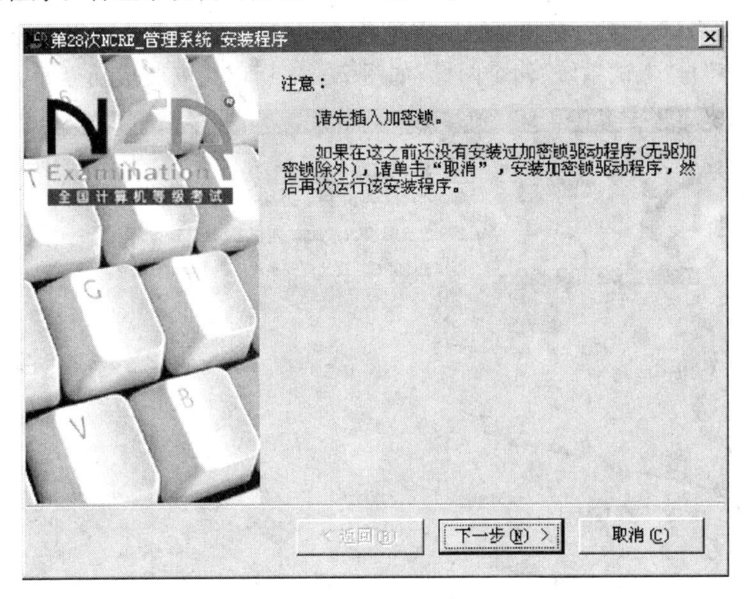

图 7－19　管理系统安装窗口

然后按照屏幕上的提示逐步进行操作，就可以完成安装。安装完成后，系统将给出安装成功的提示并在桌面上建立快捷方式。管理系统安装完成界面如图 7－20 所示。

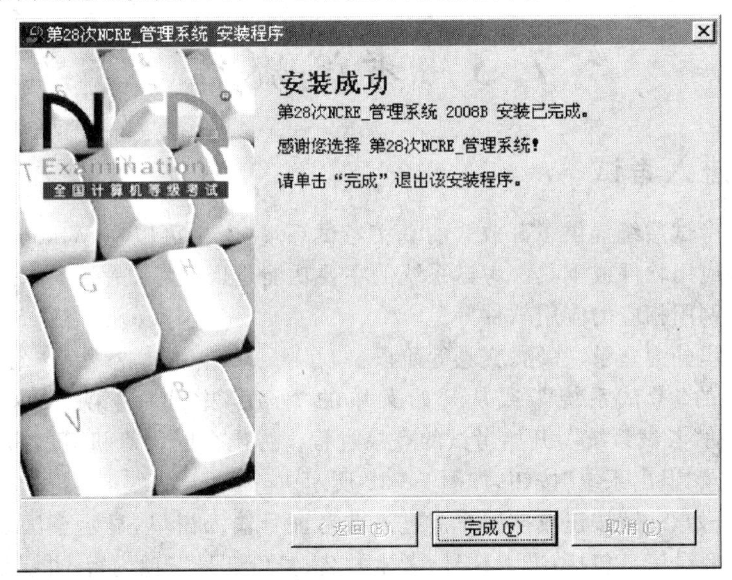

图 7－20　管理系统安装完成

在安装考试系统之前，首先建立用户（属于 administrators 组），登录考试机，并且要确保考试机没有感染病毒，没有安装其他不必要的应用软件。运行“考试系统”目录中的 Setup_考试系统.exe 文件，考试系统的安装要使用密码盘，输入正确的密码才可以进行下一步安装，桌面显示“检测程序”与“考试系统”两个图标，如图 7-21 所示为安装成功界面。

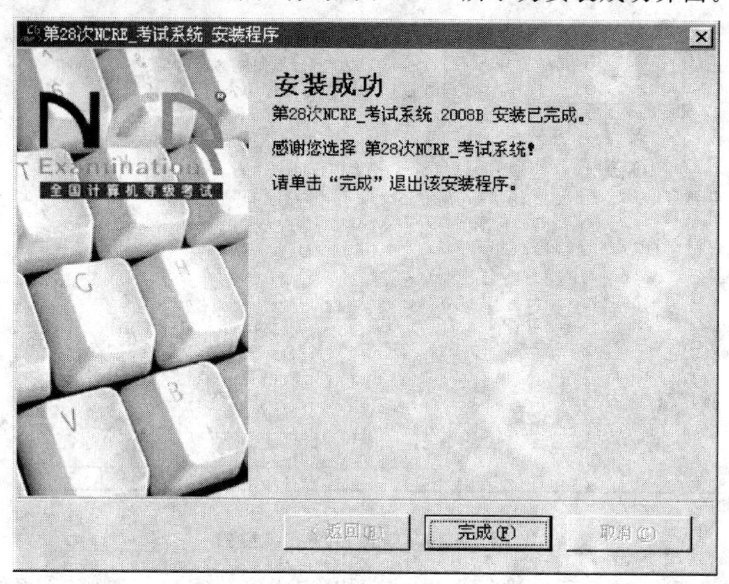

图 7-21 NCRE 考试系统安装成功界面

7.3 考试流程

7.3.1 进入考试

NCRE 上机考试系统提供了开放式的真实考试环境，考生可以在 Windows XP 操作系统环境下使用各种应用软件或工具。考试系统的主要功能是提供考试平台，显示试题内容，控制上机考试时间和调用相应的应用软件等。

考生考试过程分为登录、答题、交卷等阶段。

双击桌面上的“考试系统”，或从开始菜单的“程序”中选择“第 xx（xx 为考次号）次 NCRE”命令，启动“考试系统”，开始考试的登录过程。弹出全国计算机等级考试界面，界面上显示“开始登录”及“退出系统”按钮，如图 7-22 所示。

考生单击“开始登录”按钮或按回车键进入准考证号输入窗口，显示全国计算机等级考试登录信息。考试登录信息包括：准考证号、考生姓名、身份证号三项内容，并提供“考号验证”及“退出登录”选择按钮，输入考号信息如图 7-23 所示。

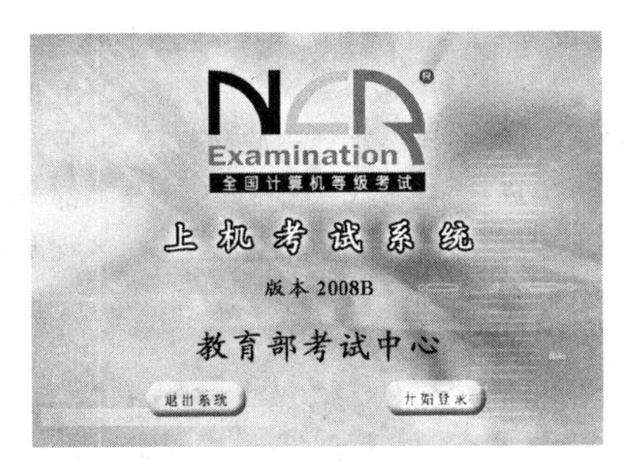

图 7-22 上机考试系统对话框

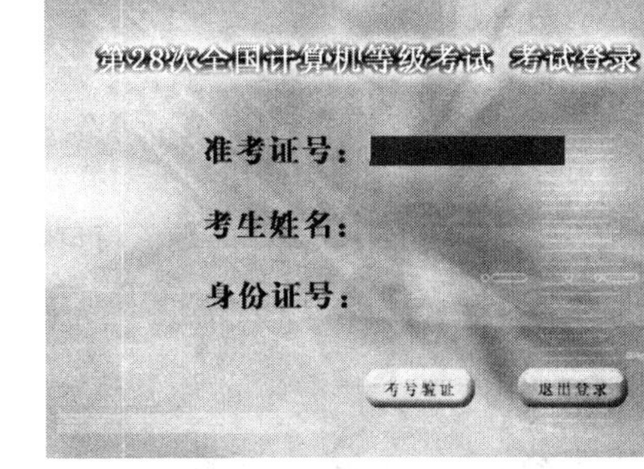

图 7-23 输入考号信息

在此界面，考生对照准考证上信息正确输入自己的准考证号、姓名、身份证号等信息，确认输入无误后，单击窗口右下角左侧“考试验证”按钮，系统将验证考生输入信息是否与报名库中信息一致，若考生发现输入了错误的个人信息，可选择错误信息进行更改，也可单击“退出登录”，重新登录考试系统进行验证。输入相关信息正确后单击“考号验证”按钮，弹出考生输入的准考证号、身份证号及姓名。考生一定要仔细核对！如果考生确认本人信息输入正确无误，则单击“是”按钮。如果考生输入的信息有误，选择“否”按钮重新输入考生信息，如图 7-24 所示。

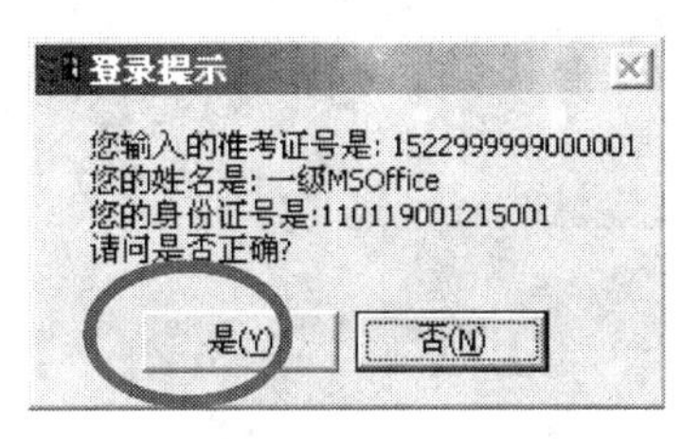

图 7-24 考生信息核对对话框

7.3.2 抽取考试试卷

在正确地输入了准考证号和密码之后，选择“抽取试题”按钮，显示考试须知。选择“开始考试并计时”，进入考试界面，就可以看题、做题，并开始计时。图 7-25 所示为确认信息后抽取试题界面。

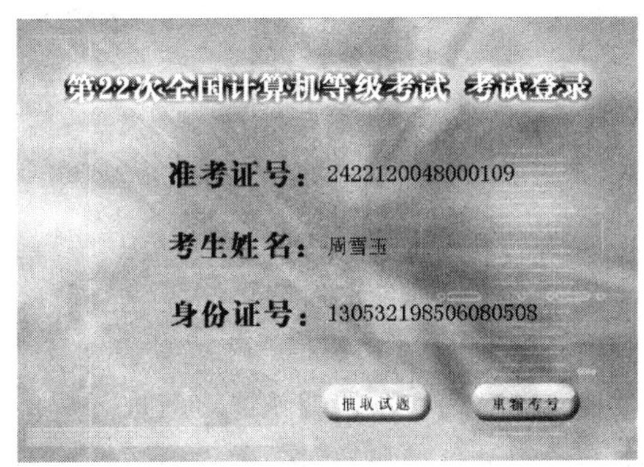

图 7-25 抽取试题对话框

抽取试题之后，考试系统进入全国计算机等级考试界面。图 7 - 26 列出了一级 MS office、二级 Access、VB 和 VFP 考试须知界面。在这一界面中，显示了每种考试试题组成结构，例如一级 MS office 由选择题、Windows 基本操作、汉字录入、字处理软件应用、电子表格软件的使用、演示文稿软件的使用和上网操作几部分组成，并且在每一类提醒后给出各部分的分值情况。在屏幕的上方还显示了题签窗口，同时显示考生本人信息，准考证号、姓名及考试剩余时间，考生浏览考生须知后，单击“开始答题并计时“按钮，开始答题并计时。

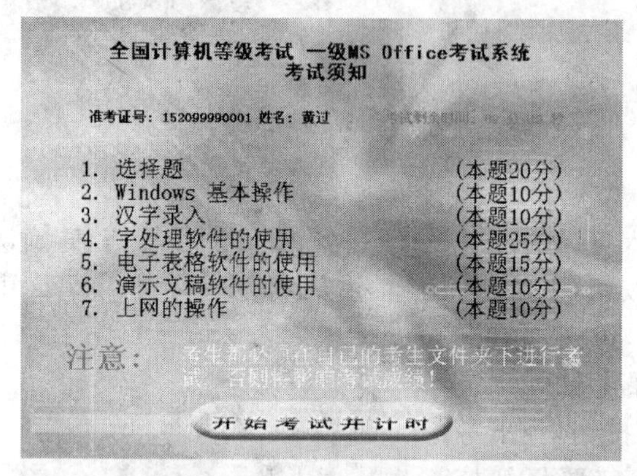

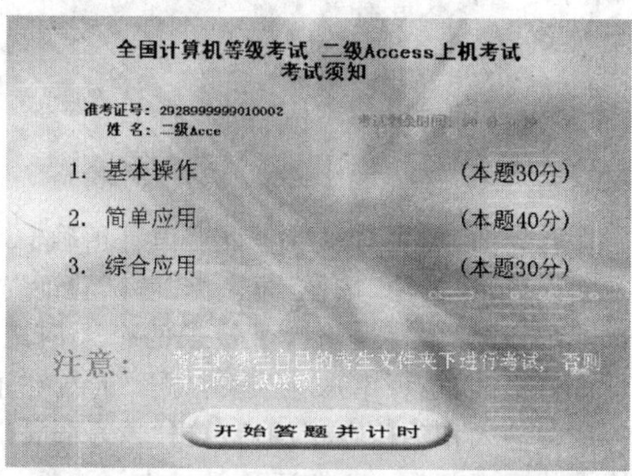

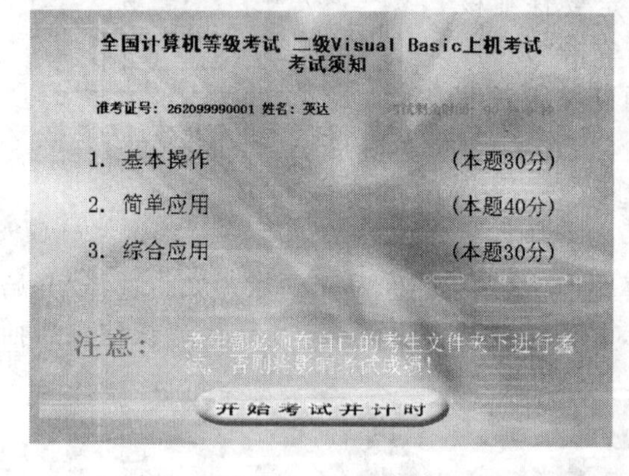

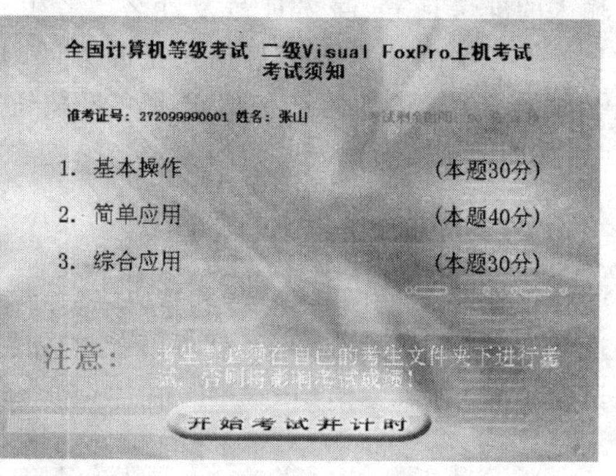

图 7 - 26 开始答题并计时对话框

7.3.3 开始做题

当考生登录成功后，考试系统将自动地在屏幕中间生成装载试题内容及查阅工具的考试窗口。窗口分上下两部分，上半部分最左端指名了当前考生文件夹盘符及路径；右端显示了考试试题各个部分，单击各个按钮在不同的试题之间进行切换。下半部分显示了当前考试模块试题的具体要求，在各部分试题切换时要求内容随模块不同而改变。图 7 - 27 所示为考试窗口。

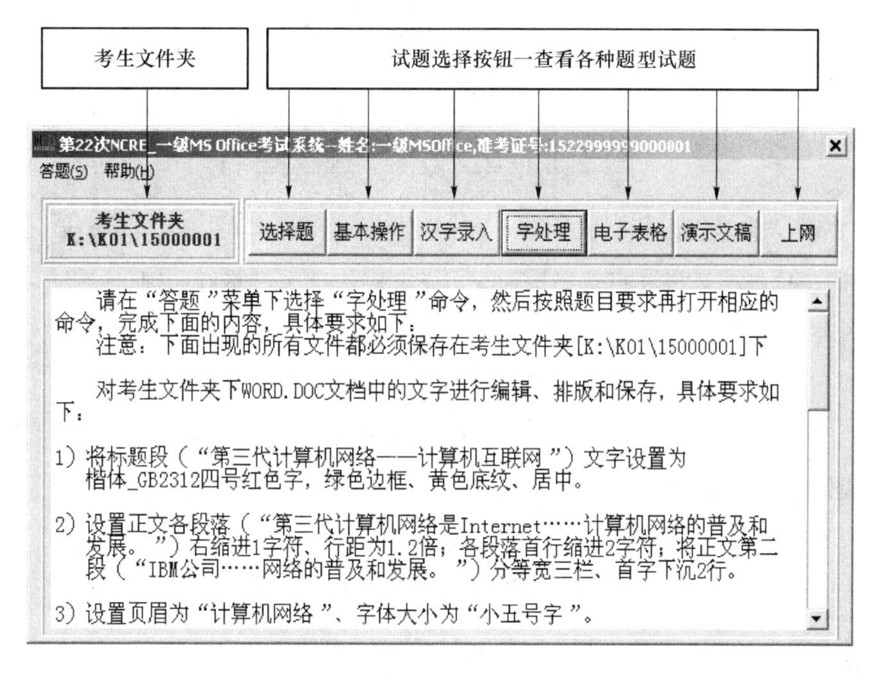

图 7-27　考试窗口

在屏幕顶部始终显示着题签窗口，窗口显示了考生的准考证号、姓名、考试剩余时间；题签最左侧是显示/隐藏窗口按钮，单击后可以在显示或隐藏试题内容及查阅工具之间切换，“隐藏窗口”字符表示屏幕中间的考试窗口正在显示着，当单击“隐藏窗口”字符时，屏幕中间的考试窗口就被隐藏，且“隐藏窗口”字符串变成“显示窗口”。最右侧交卷并退出考试系统的按钮，单击后系统会提示考生是否确认交卷并退出考试。题签窗口如图 7-28 所示。

图 7-28　题签窗口

其他级别考试的考试窗口按钮与 MS Office 基本相同，图 7-29 为一级 WPS Office 考试窗口中选择工具栏的题目选择按钮，包括“选择题”、“基本操作”、“汉字录入”、“金山文字”、“金山表格”和“金山演示”、“上网”七个题目，单击相应按扭可以查看相应的题目要求。

图 7-29　一级 WPS Office 的试题选择按钮

二级 VB、VFP、JAVA、ACCESS、DELPHI 和 C++等级别的考试窗口与一级 WPS Office 的风格类似，只是窗口标题中的有关考试类别的名称会随之变化，试题选择按钮也会随之变化。图 7－30 为选择工具栏的题目选择按钮。

图 7－30 二级 VB、VFP、JAVA、ACCESS、DELPHI 和 C++的试题选择按钮

二级 C 语言选择工具栏题目选择按钮与以上几种级别考试略有区别，如图 7－31 所示。

图 7－31 二级 C 语言试题选择按钮

三级试题选择按钮如图 7－32 所示。

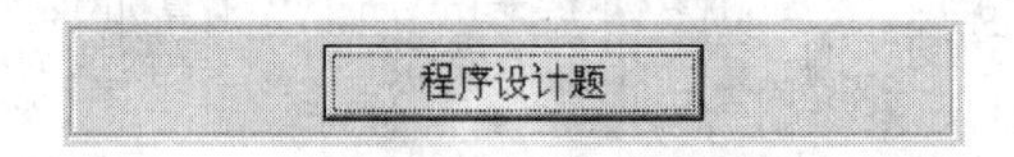

图 7－32 三级试题选择按钮

对于各个级别考试，试题各部分模块随级别不同而略有不同，单击各个题目选择按钮，在试题窗口会相应显示题目要求。在题目选择按钮的左侧是考生文件夹，文件夹名是考生本人准考证号前 2 位和后 6 位的组合，例如 24000109。以选取二级 C 语言为例，简要介绍考试试题界面。屏幕显示三道考试题供考生选用，第一个是“程序填空题”按纽，选中时同时显示填空题的内容、要求及注意事项，如图 7－33 所示。

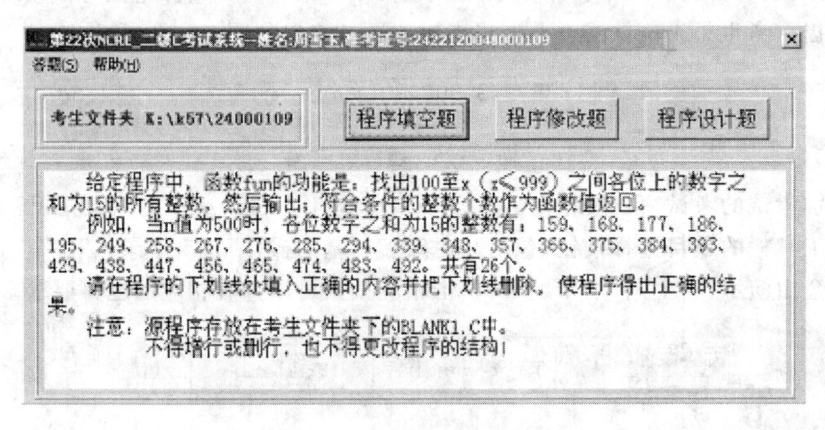

图 7－33 程序填空题窗口

第二个是“程序修改题”按钮，单击此按钮，题目文本框会显示题目要求修改程序的内容、要求及注意事项，如图 7 - 34 所示。

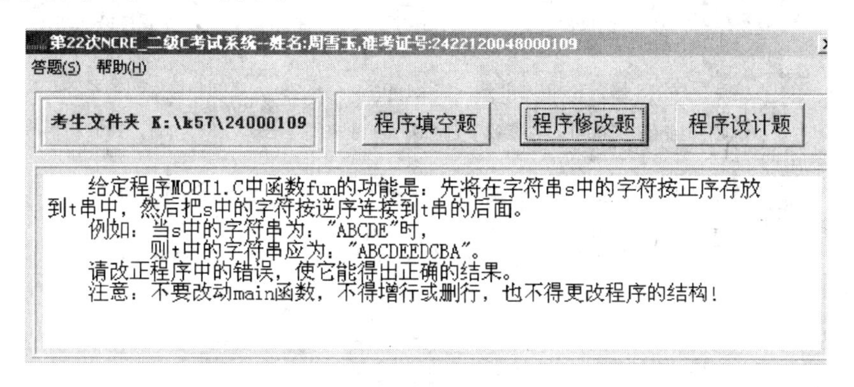

图 7 - 34　程序修改题窗口

C 语言考试的第三种类型题目是“程序设计题”，单击“程序设计题”，选中时同时显示修改题的内容、要求及注意事项，如图 7 - 35 所示。

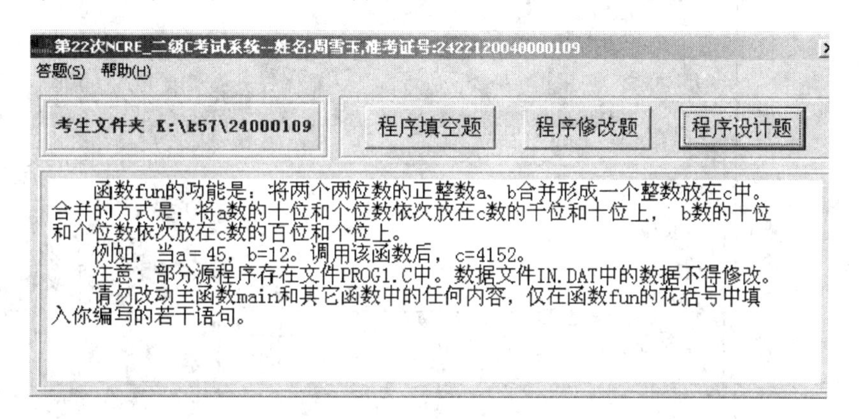

图 7 - 35　程序设计题窗口

在考试过程中，考生做题的顺序可以不按照题目顺序，可根据自己的实际情况来选择其中任意一题。

审题后选择当前窗口左上角“答题”按钮进入命令提示符，考生文件夹一般存在 E 盘或 D 盘。具体实例如 E:\K57\24000109，其中当前盘为 E 盘，K57 代表网络用户，24000109 是考生准考证号的前 2 位和后 6 位的组合，代表考生的当前文件夹，如图 7 - 36 所示。

选择“答题按钮”后，系统弹出 VC＋＋编程界面，如图 7 - 37 所示。

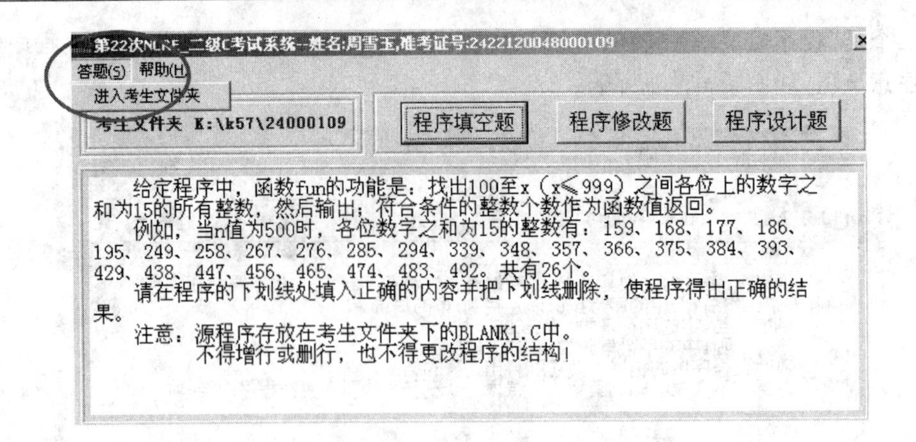

图 7-36　选择答题窗口

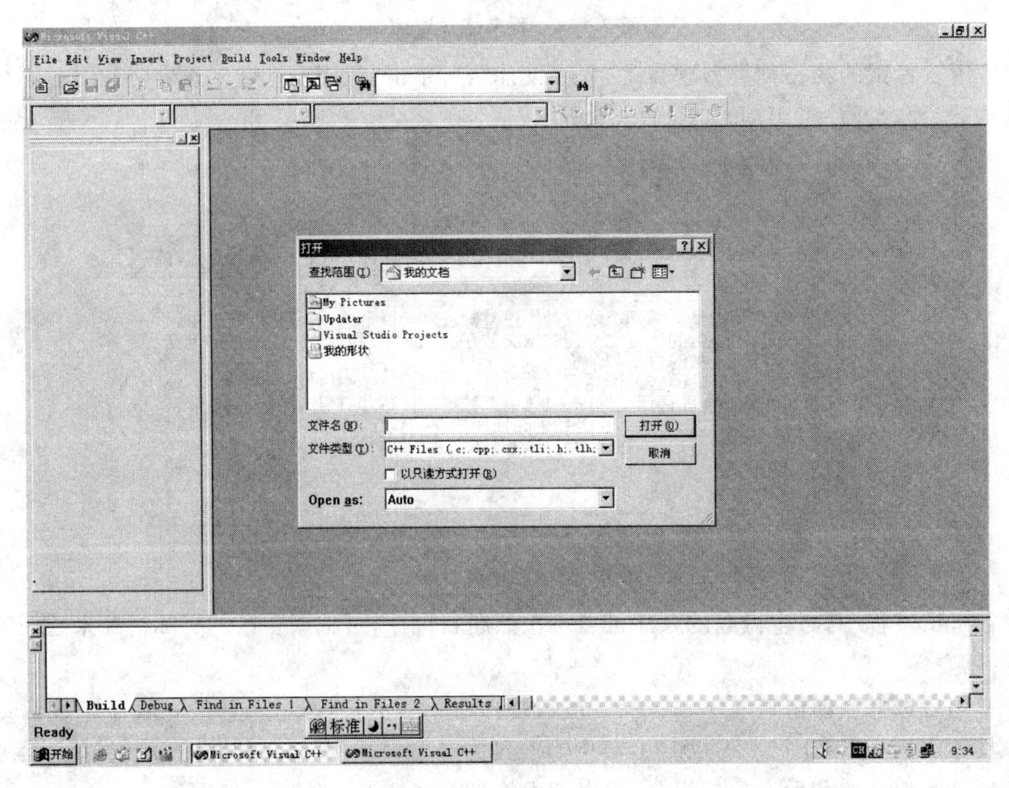

图 7-37　VC++界面

7.3.4　交卷评分

如果考生提前结束考试并交卷，则在屏幕顶部显示窗口中选择“交卷”按钮，上机考试系统则弹出是否要交卷处理的提示信息框，此时考生如果选择“确定”按钮，则退出上机考试系统进行交卷处理，选择“取消”按钮则返回考试界面，继续进行考试。交卷界面如图 7－38 所示。

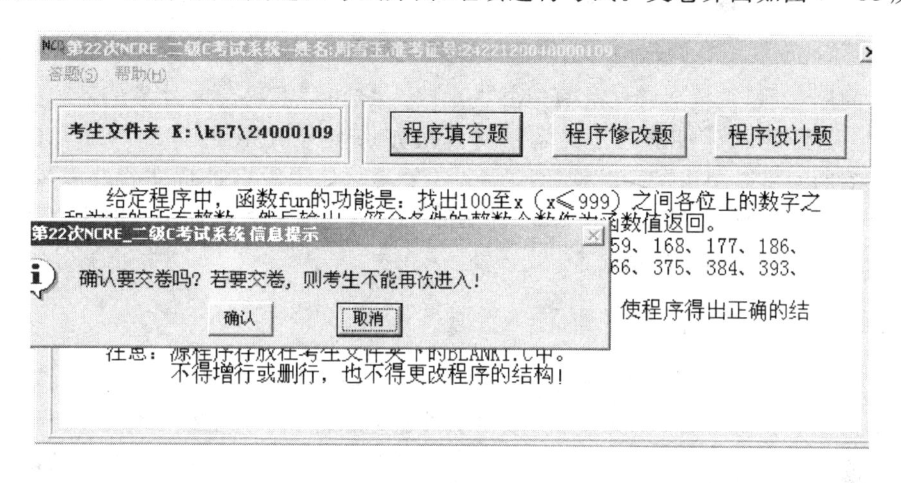

图 7－38　确认交卷界面

如果进行交卷处理，系统首先锁住屏幕，并显示“系统正在进行交卷处理，请稍候！”。当系统完成了交卷处理，在屏幕上显示“交卷正常，请输入结束密码：”，这时只要输入正确的结束密码就可结束考试。正常交卷如图 7－39 所示。

交卷过程不删除考生文件夹中的任何考试数据。如果出现“交卷异常，请输入结束密码：”，说明这个考生有可能得零分或者考生文件夹有问题或其他问题，要检查确认该考生的实际考试情况是否正常。部分交卷异常可通过二次登录再次交卷解决。交卷异常界面如图 7－40所示。

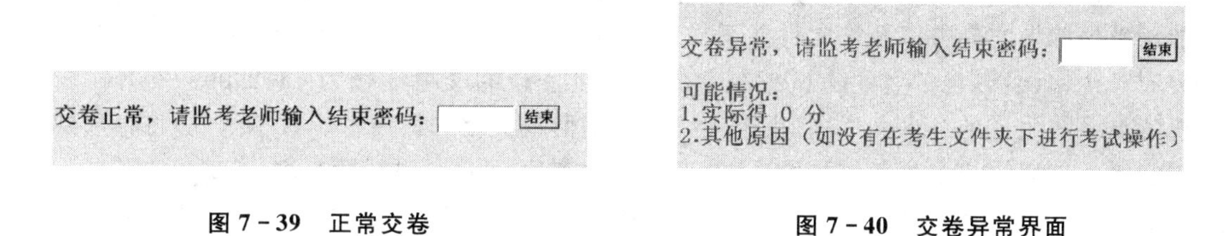

图 7－39　正常交卷　　图 7－40　交卷异常界面

如果在交卷过程中死机，可以重新启动计算机，再进行二次登录后再进行交卷。考试过程中，系统会为考生计算剩余考试时间。在剩余 5 min 时，系统会显示一个提示信息，提示考生注意存盘并准备交卷。提示界面如图 7-41 所示。

图 7-41 提示界面

考试时间用完后，系统会锁住计算机并提示输入“延时”密码。这时考试系统并没有自行结束运行，它需要键入延时密码才能解锁计算机并恢复考试界面，考试系统会自动再运行 5 min，在这个期间可以单击“交卷”按钮进行交卷处理。如果没有进行交卷处理，考试系统运行到 5 min 时，又会锁住计算机并提示输入“延时”密码，这时还可以使用延时密码。只要不进行“交卷”处理，可以“延时”多次。

7.3.5 考试过程注意事项

(1) 所有科目考试过程中必须确保计算机没有杀毒软件的邮件监控、网页监控、各种网络教室等涉及网络服务的软件，以及 IIS 和其他邮件服务软件(若有则必须卸载!)。

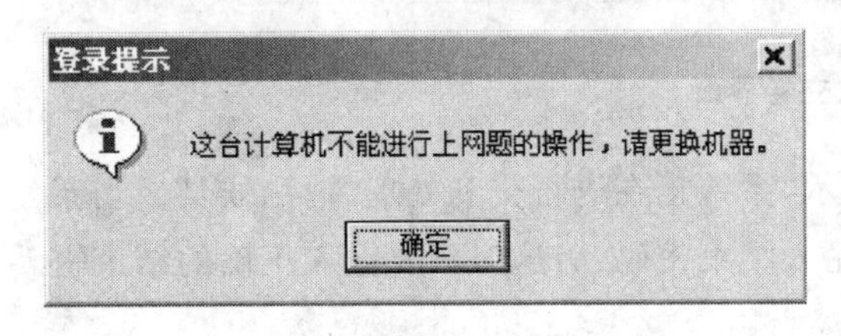

图 7-42 提示冲突窗口

(2) 所有一级科目考试登录时，若出现图 7-42 提示窗口时，表明该考试机的软件环境与考试系统冲突，不适合进行相应科目的考试，必须解决考试机的软件问题或更换考试机。

(3) 对于各科目一级考试，系统还启动了另一个后台执行程序 FZXT. EXE，并且以“等级考试服务器”为名称显示在任务栏上，当考试系统正常退出时它也会正常退出。在考试过程中，不能关闭这个后台执行程序 FZXT. EXE，否则会影响考生的上网试题作答。

(4) 在考试答题过程中一个重要概念是考生文件夹。当考生登录成功后，上机考试系统将会自动产生一个考生考试文件夹，该文件夹将存放该考生所有上机考试的考试内容。考生不能随意删除该文件夹以及该文件夹下与考试题目要求有关的文件及文件夹，以免在考试和评分时产生错误，影响考生的考试成绩。假设考生登录的准考证号为 1522999999000001，则上机考试系统生成的考生文件夹(由准考证号的前两位数字和最后六位数字组成)将存放到 K 盘根目录下的以用户名命名的目录下，即考生文件夹为“K:\考试机用户名\15000001”。

(5) 在“帮助”菜单栏中选择“等级考试系统帮助”可以启动考试帮助系统，并显示考试系统的使用说明和注意事项。

(6) 对于每个级别的考试，在正式考试前，均要用最新的模拟考试盘进行模拟测试，每次重新抽题登录后只做一个题目类型，如果所有的题目类型评分后均不得零分，就可以进行正式考试。

7.4 VB 模拟考试

7.4.1 登录考试系统

单击桌面“考试系统”快捷方式，启动计算机等级考试系统。二级 Visual Basic 上机考试系统已经实现了 Windows 环境考试。考生选择“开始登录”按钮，登录考生相关信息，如图 7－43 所示。

进入考试登录界面时，要求考生对于自己登录信息进行填写，包括考生准考证号、考生姓名和身份证号，如图 7－44 所示。

图 7－43 上机考试系统对话框

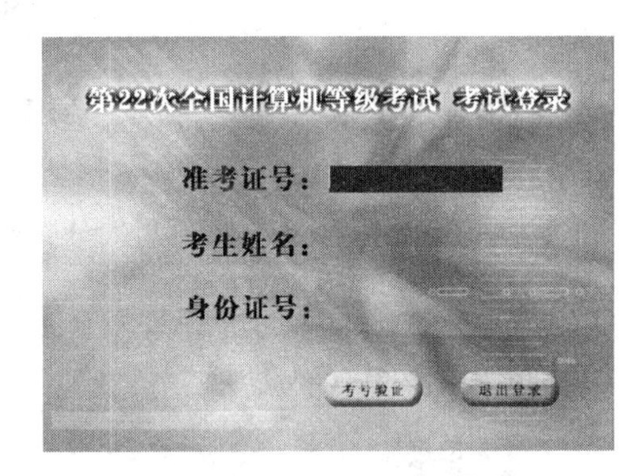

图 7－44 登录信息对话框

输入考生准考证号、姓名、身份证号，请考生认真输入。输入相关信息后，检查输入的信息是否有错，确定无误后，单击“考号验证”按钮，如图 7－45 所示。

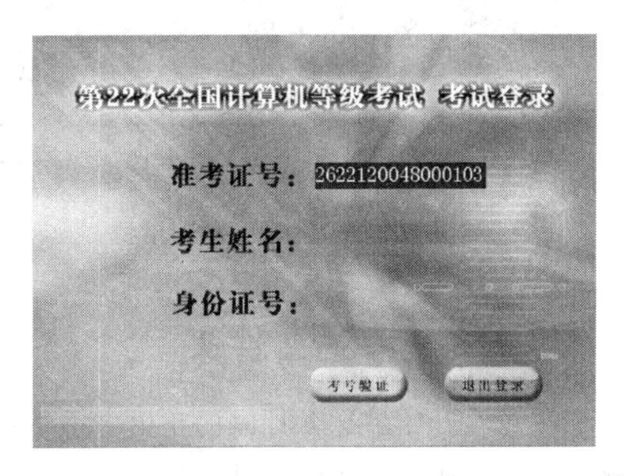

图 7－45 考生信息输入

输入信息无误之后，单击“考号验证”按钮，弹出考生确认信息对话框，这里要求考生再次认真核对个人信息，若无错请选择“是”按钮，如图 7－46 所示。

确认考生信息正确后，进入抽取试题界面，选择“抽取试题”按钮进行抽题，此时考生若发现个人信息有误，仍可以单击“重输考号”，再次进行登录，如图 7－47 所示。

抽取试题之后，进入考试须知界面，这时会在屏幕上出现二级 Visual Basic 上机考试须知，请考生认真查看。阅读完考试须知之后，考生就可以单击“开始答题并计时”，开始考试，这时系统自动计时，如图 7－48 所示。

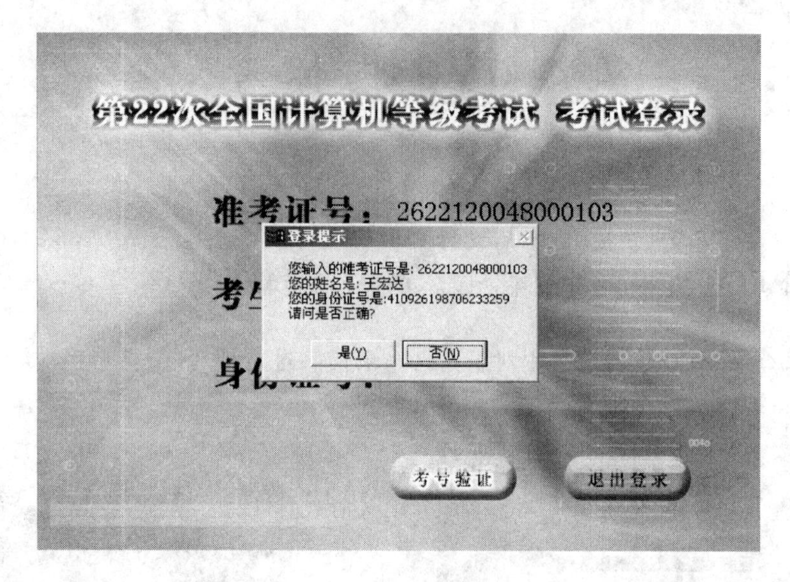

图 7-46 确认信息对话框

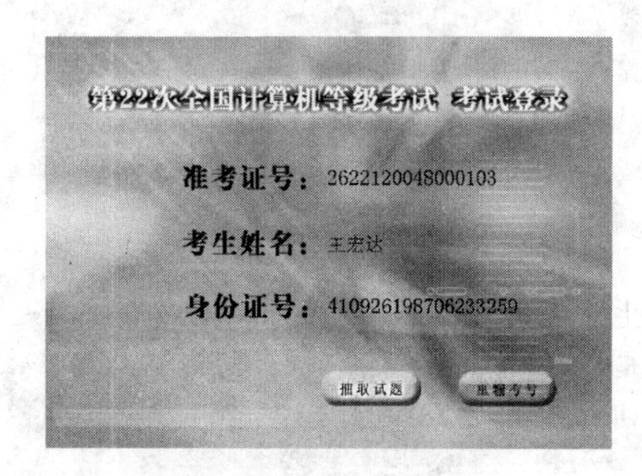

图 7-47 抽取试题对话框

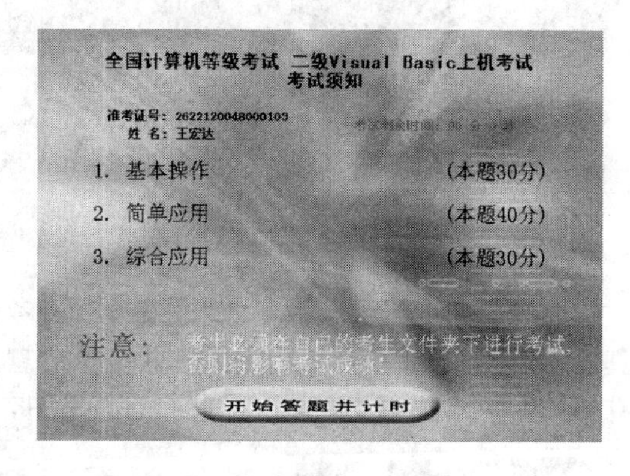

图 7-48 考试须知窗口

7.4.2 考生文件夹

注意在开始答题并计时的正上方系统提示：考生必须在自己考生文件夹下进行考试，否则将影响考试成绩。等级考试管理系统为每位考生在服务上建立了文件夹，并将考生文件夹存放在这个文件夹中。这个文件夹通过网络映射为考生机的 K 盘，考生做的试题存在 K 盘上建立的网络用户，每个用户对应一名考生，用户文件夹中存放的为考生文件夹，如图 7-49 所示。

K 盘中每个文件夹存放了对应考试机上考生的文件夹，例如用户 K57 存放的考生考试题存在盘符路径为 K:\K57\26000103，如图 7-50 所示。

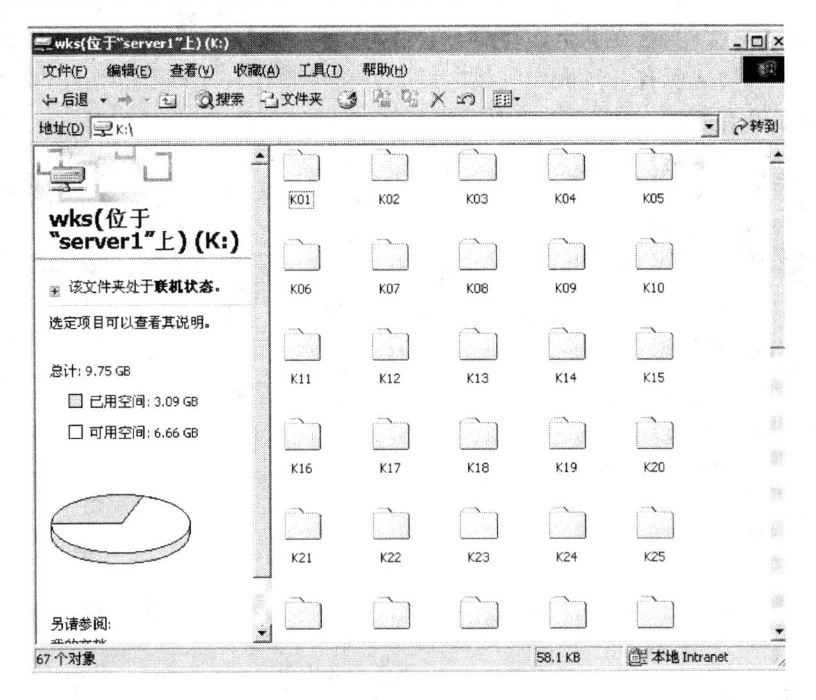

图 7-49　网络用户窗口

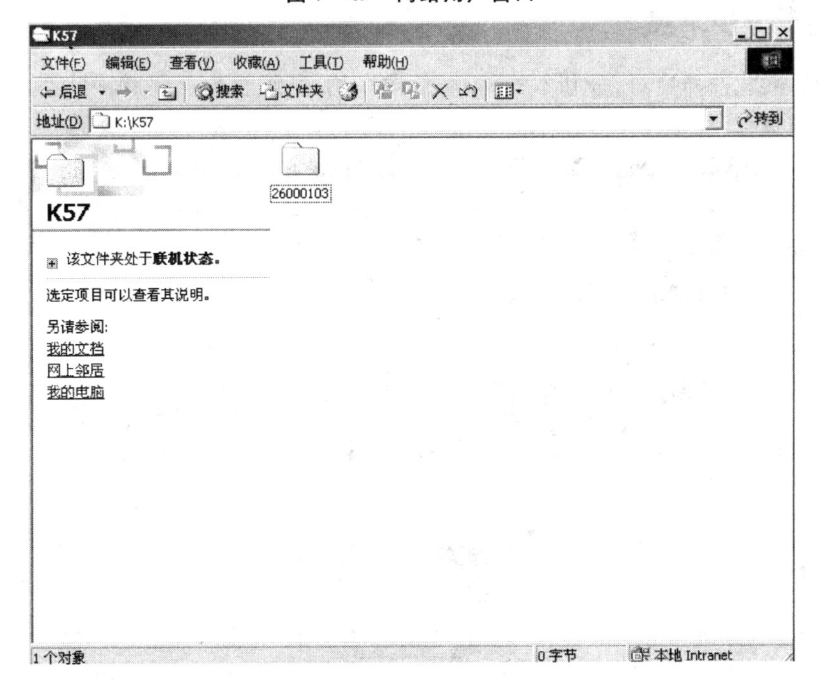

图 7-50　考生文件夹窗口

双击打开考生文件夹，在考生文件夹下存放有 Visual Basic 程序，考生所做的考题全部存放在当前目录下，切记所有考试操作完成之后文件一定要存放在自己的文件内，千万不要存在其他位置，否则没有成绩，如图 7－51 所示。

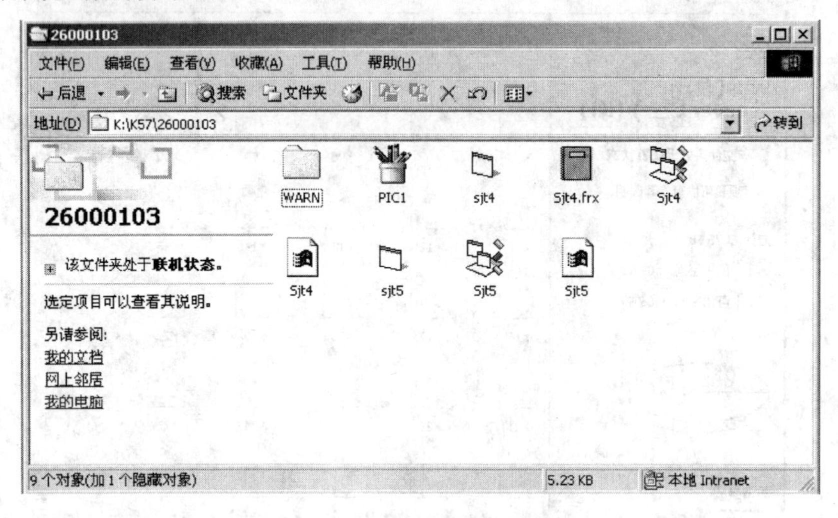

图 7－51　考生文件窗口

7.4.3　VB 考试

二级 VB 试题选择窗口，分基本操作题、简单应用题、综合应用题三种题型，考生可任意选择其中每一道题作，如图 7－52 所示。

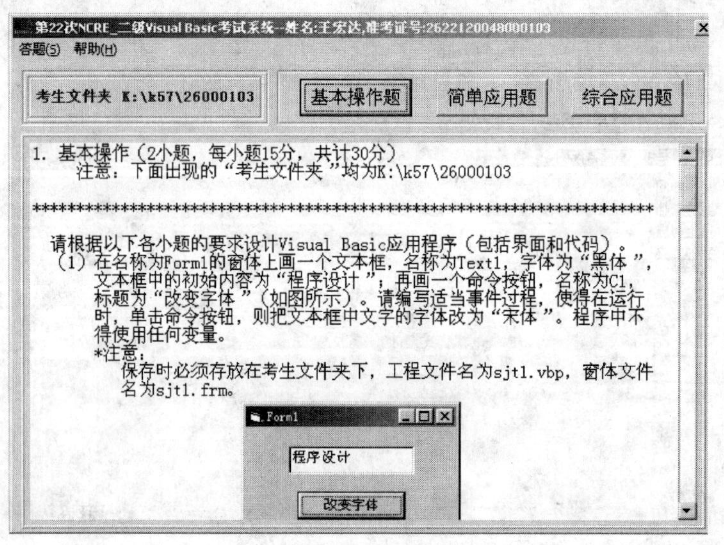

图 7－52　试题选择窗口

考生在试题选择好后，在窗口的左上角，启动 Visual Basic，如图 7－53 所示。

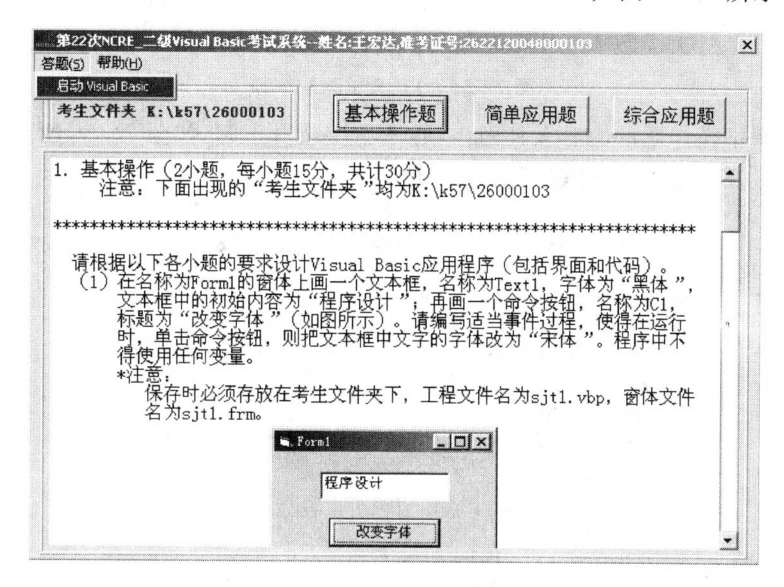

图 7－53　启动 VB 窗口

进入 Visual Basic 编译窗口，开始做考试题，如图 7－54 所示。

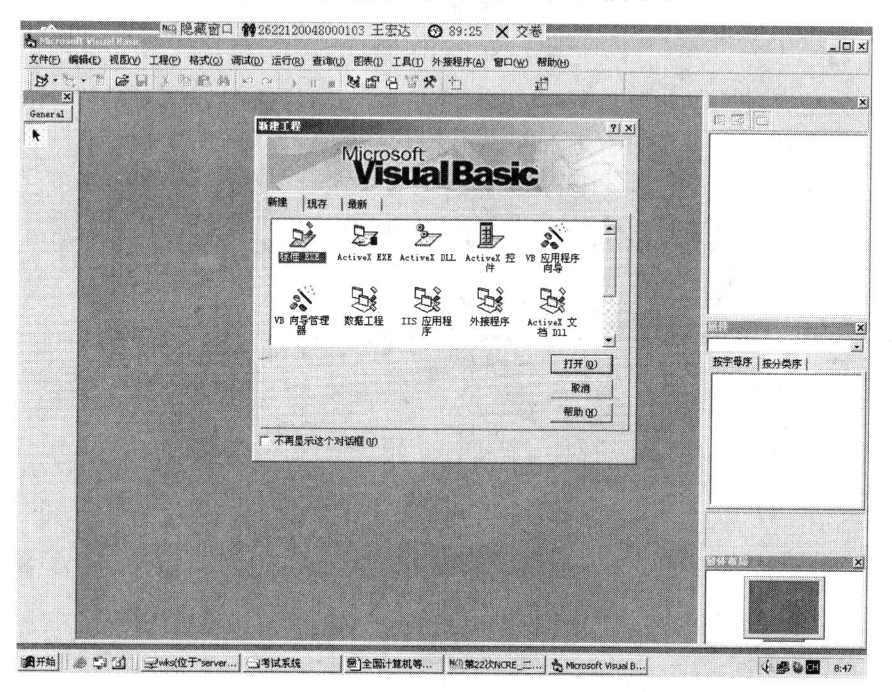

图 7－54　VB 编译窗口

考生做题时可随时显示考试系统窗口，查看剩余时间等有关信息，如图 7－55 所示。

显示窗口 2622120048000103 王宏达 88:49 交卷

图 7－55 VB 考试系统窗口

考生选择基本操作题的内容及注意事项，考生要认真审题，如图 7－56 所示。

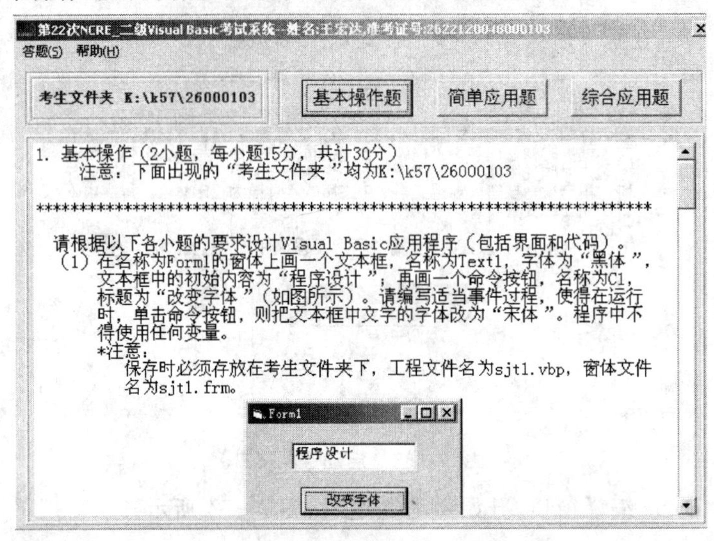

图 7－56 VB 试题窗口

考生答完题后，若不再继续做题时可显示考试系统窗口，选择交卷，则屏幕显示，确认要交卷吗？若要交卷，则考生不能再次进入考试系统，选择确认，如图 7－57 所示。

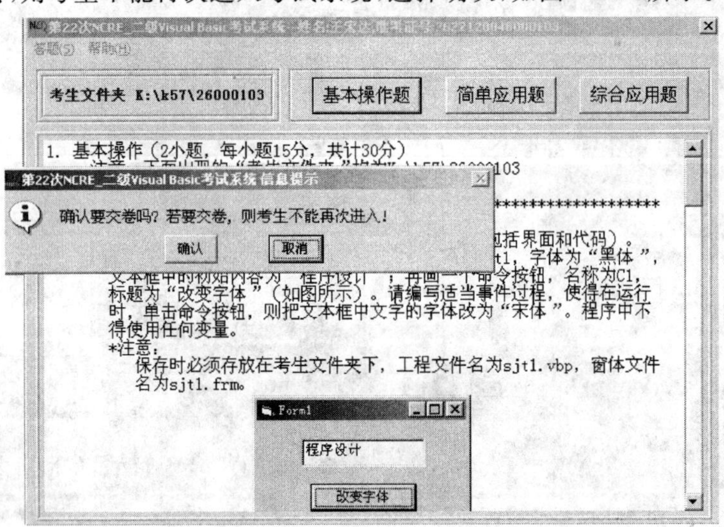

图 7－57 确认交卷对话框

正常交卷后，监考老师输入密码结束考试，考生可离开考场，如图 7 - 58 所示。

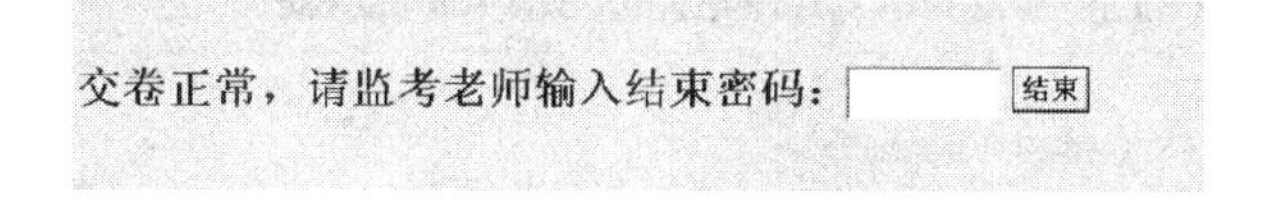

图 7 - 58 结束考试对话框

7.5 国家计算机等级考试成绩查询

全国计算机等级考试在每年的四月、九月举行两次考试，每次的成绩查询各省市考试机构都有相关的查询网站。同时，为便于学生查询，各高校都把考试成绩放在相关的网站主页上，以便查询。下面是查询方法的简介。

7.5.1 成绩查询网址

国家计算机等级考试成绩公布在例如：http://www.scse.hebut.edu.cn 的“通知与新闻栏”上，单击“河北工业大学 2009 年 3 月第 29 次全国计算机等级考试成绩”，出现如图 7 - 59 所示界面。

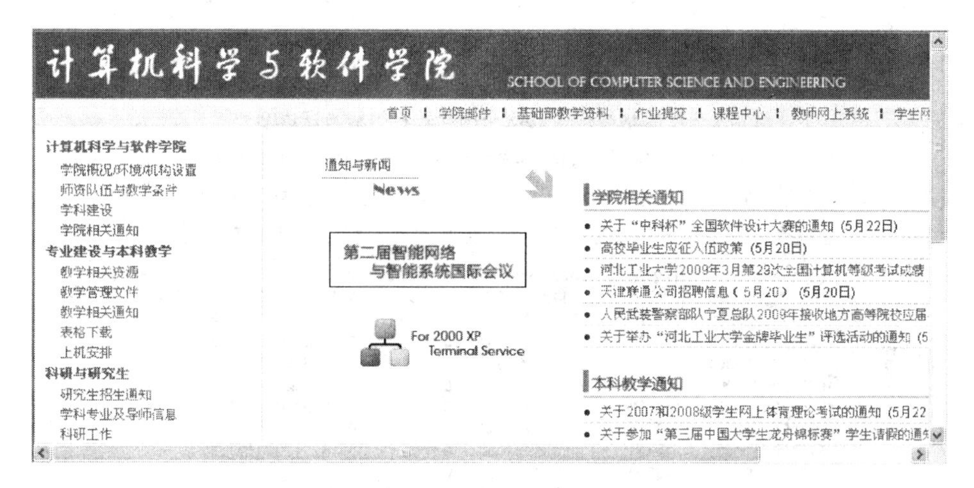

图 7 - 59 成绩查询网址

7.5.2 考试成绩的相关说明

单击出现考试成绩分校区列表，如图 7 - 60 所示界面。

考生：考试总成绩按等级划分为：优秀、良好、及格、不及格四档，相应的代码是：3，2，1，0。考生的笔试成绩、上机成绩和考试总成绩均按等级划分，档次分类如上。

图 7-60　成绩界面

缺考时，记“－1”;考生违纪时,“夹带”记“－2”;“抄袭”时记“－3”;“传抄”时记“－4”;“替考”时记“－5”;“换卷”时记“－6”;“破坏考场秩序”时记“－7”;“雷同”时记“－8”;“其他”时记“－9”。

7.5.3　考试成绩的查找

打开自己所在的相应考区成绩链接,则 Excel 文件被打开。在“编辑” 菜单栏下,打开下拉菜单“查找”,弹出图 7-61 所示对话框。

河北工大丁字沽校区第29次全国计算机等级考试成绩

注：总成绩0为不合格、1为合格、2为良好、3为优秀。6月中旬到报名点

只过笔试或上机单科成绩的同学，成绩连续保留一次，6月2日—5日需

准考证号	姓名	身份证号	试成	机成	成	证书编号
zkzh	xm	sfzh	zbsc	zzsjcj	zcj	zsbh
152912003200010	付明圆	1202241990100	0	49	0	
152912003200010	李丹	1201131991041	0	84.5	2	15291200342978
152912003200010	马珊	1201131991102	0	75.7	1	15291200342812
152912003200010	吴丹丹	4222021990060	0	82.2	2	15291200342728
152912003200010	张丹	1201131991092	0	77.4	1	15291200342673
152912003200010	张鹤	1201131990100	0	68.9	1	15291200342580
152912003200010	侯灵敏	3714211990120	0	66	1	15291200342492
152912003200010	张美瑞	1201131991111	0	49.5	0	
152912003200010	陈颖	1201131991030	0	72.7	1	15291200342377
15291200320001	张鑫淌	1202221991082	0	59	0	
15291200320001	王小平	5105211988120	0	71.3	1	15291200342242
15291200320001	苏飞杨	1201131991081	0	77.1	1	15291200342196

cjk

图 7-61　成绩查询

在查找内容中输入准考证号或姓名或身份证号,回车即可找到,笔试和上机成绩即可查询得到。

参考文献

[1] 薛美云,刘恩海,杜涛,等. 计算机实验教学与应用能力考试指导[M]. 北京: 海洋出版社,2008.

[2] 柴欣,张红梅,等. 大学计算机基础教程[M]. 北京:中国铁道出版社,2006.

[3] 柴欣,史巧硕,等. 大学计算机基础实验教程[M]. 北京:中国铁道出版社,2008.

[4] 王晓国. 计算机应用能力考试试题分析与上机实验指导[M]. 南京: 河海大学出版社,1996.

[5] 郑尚志. 计算机文化基础实训与考试指导[M]. 北京:高等教育出版社,2006.

[6] 王颖,胡虚怀,大学生计算机实验教程[M]. 长沙:中南大学出版社,2008.

[7] 罗嘉惠,等. 因特网基础和网上资源查询[M]. 武汉:武汉大学出版社,2002.

[8] 刘恩海,赵秀平,等. C语言上机实践指导与水平测试[M]. 北京:清华大学出版社,2007.

[9] 郭迎春,等. Visual Basic 上机实践指导与水平测试[M]. 北京:清华大学出版社,2007.